빅브레인

내 아이 두뇌 성장 보고서

# Big Brain

# 빅브레인

김권수 지음

책들의정원

**프롤로그**

# 불안을 자극하는 세상에서
# 흔들리지 않는 부모가 되기 위하여

## 마음과 행동의 뿌리를 찾아서

자녀교육과 관련하여 전문 서적과 강좌, 영상들이 쏟아져 나오고 있지만 여전히 내 아이를 잘 키우고 교육하기 위한 부모의 고민은 쉽게 풀리지 않는다. 전문가들이 말하는 지식과 처방을 들으면 일리가 있고 속이 확 풀리는 것 같지만 막상 내 아이에게 적용하려면 잘되지 않아 갑갑해지기도 한다. 왜 그럴까?

아이들은 모두 다르다. 성장하는 환경도 다르고, 같은 환경에 놓인 아이일지라도 상황에 따라 다르게 반응하고 행동한다. 사람의 성격을 연구하는 학자들이 내린 결론이 있다. 성격은 사람의 수만큼 다양하다는 것이다. 항목별로 분류해서 유형화할 수도 있겠지만 현실에서 상호작용하며 나타나는 실제 모습은 천차만별이라는 점을 강조하기 위한 말이라고 생각한다.

내 아이를 가장 잘 알고 이해할 수 있는 사람은 누구보다 가까이에서 양육하고 교육하는 부모다. 그런데 아이들을 관찰하고 이해하려는 노력보다는 정답을 정해놓고 무작정 적용하려다가 불안과 갈등을 증폭시키고 있지는 않은지 생각해볼 문제다. 이 책에서는 정답이나 해법을 무작정 제공하기보다 부모 스스로 아이를 이해할 수 있는 기준을 찾고 아이를 대하는 부모 자신을 성찰해볼 시간을 마련하려고 노력했다. 부모가 자녀의 성장 정도를 파악하고 가르칠 수 있도록 아이의 '뿌리'를 들여다볼 기회를 만들어보려는 목적이다. 여기서 말하는 뿌리는 아이의 두뇌다. 뇌를 이해하면 사람의 감각적 반응과 인식, 감정, 심리와 행동에 대해 깨달음을 얻기 쉽다. 이러한 것들은 모두 뇌의 발달이나 활성화와 연결되어 있기 때문이다.

### 아이를 위한, 그리고 부모 자신을 위한

시중에는 자녀교육에 도움이 될 훌륭한 서적이 많이 있다. 그런데 두뇌를 전문적으로 다룬 책은 너무 어려워서 접근하기가 만만하지 않고, 사례와 솔루션 위주의 육아서는 모든 아이에게 딱 맞는 신발이 되지 못하는 측면이 있다. 그래서《빅브레인》은 중간 다리 역할을 할 수 있도록 구성했다. 부모가 두뇌에 관한 지식을 터득해 자신의 아이를 이해하고 그 아이에게 적합한 해결책을 부모가 직접 구할 수 있게 했다. 자녀를 키우며 겪게 되는 상황을 살펴보고 뇌 지식을 통해 각 사례를 해석하고 해설했다. 더불어 이해한 것을 실생활에서 활용하는 방법을 함께 담았다.

책의 전체 구성은 아이의 뇌를 이해하는 것으로 이루어져 있지만 인성, 감성 지능, 긍정 심리학, 교육학적 지식과 관점이 어우러지도록 노력했다. 이를 통해 아이의 행동을 긍정적으로 이해하고 공감하는 부모 자신을 발견하게 될 것이다. 또한 아이들의 성장 보고서 같은 내용이지만 읽다보면 부모 자신의 감정과 심리, 인식 방법, 행동을 새롭게 이해하는 계기를 마련할 수 있을 것이다.


**진짜 원인은 뇌 속에 숨어 있다**

18년간 대학에서 강의를 하며 다양한 학생들을 만났다. 시대가 바뀌며 학생들의 성향도 많이 달라지는 것을 느꼈다. 다양한 변화가 있었지만 학생들은 점차 뚜렷한 개성을 보이고 있고, 주변 환경에 점점 더 반응적으로 행동하고 있는 듯하다. 과정을 읽고 해석하는 아날로그적 성향보다는 쉽게 결과를 확인하려는 디지털적인 성향이 강해지고 있다. 집중하지 못하고 산만하며 공감 능력이 떨어지는 학생이 많아진 것도 피부로 와 닿는다. 처음에는 부정적인 부분이 발견되면 학생 개인의 인성적 문제라고 여기기도 했지만 진짜 원인은 뇌의 발달과 균형, 활성화와 관련되어 있다는 사실을 알게 되었다.

주의를 집중하고 조절하는 능력이나 사회성과 공감 능력 등은 고차원적 뇌의 발달과 균형을 요구하기 때문에 반응적인 환경에서는 발달하기 힘들다. 즉 인성은 뇌의 발달과 밀접한 관련이 있다. 그런데 이러한 뇌를 발달시켜야 할 최적의 시기는 대학생 때가 아니라 어린 시절이어야 한다.

## 유행에 휩쓸리지 않고 인내하기

인간의 행동과 동기를 연구하면서 심리학 결과를 많이 활용하다보면 때로는 명쾌하게 해석되지 않는 부분이 드러난다. 예를 들어, 사람이 무엇인가에 몰입하면 행복도와 성과가 높아진다. 하지만 그 이유는 명확하지 않았다. 그런데 뇌 과학은 이런 현상을 명확하게 설명해 준다. 사람의 주의가 조절되고 집중되면 긍정적인 정서를 유발하는 뇌의 특정 부위가 활성화되고 긍정적 정서를 느끼는 호르몬이 증가한다. 이처럼 사람의 행동과 심리를 분석하기 위해 자료와 기사를 모으며 뇌 과학을 본격적으로 연구하기 시작했다. 뇌를 훈련하고 교육할 수 있는 브레인 트레이너Brain Trainer 자격을 획득하고 실제 대학 교육과 다양한 강연 및 프로그램에 적용하고 있다.

사람의 뇌를 이해한다는 것은 무엇보다 나 자신과 가족에게 이로운 일이다. 치부와 같았던 행동, 감정적 갈등이 인격이나 인성의 문제가 아니라 뇌의 발달과 활성화에 기인한 것이고 뇌의 변화를 통해 극복할 수 있다는 사실은 위안이 되고 회복력을 높여준다. 그리고 아이를 더 잘 이해하고 주변에 휩쓸리지 않으며 인내를 가지고 균형 있는 교육을 실천할 기회를 남긴다. 중학생인 딸과 늦게 낳아 이제 초등학교에 들어간 막내 덕분에 젊은 학부모에서 교육기관 선생님까지 다양한 분을 만나며 아이를 기르며 발생하는 다양한 고민 사례를 접하고 있다. 그럴 때마다 뇌를 이해하는 것이 얼마나 중요한 일인지 매일 깨닫게 된다.

이 책은 어린 아이뿐만 아니라 학령기와 청소년기 아이를 이해하는 데도 도움이 된다. 뇌의 발달과 균형이라는 관점에서, 부모는 아이를 바른 인성을 갖추고 행복한 삶을 사는 존재로 길러야 한다. 부모가 지식은 물론 지혜를 가질 때 아이를 그렇게 키울 수 있다. 이 책이 부모의 지혜를 키우는 데 단 한 방울이라도 기여하기를 간절히 바란다. 밤이 깊도록 함께 원고를 들여다보며 검토하고 토론해준 멘토 교수님들과 자녀교육의 기쁨과 갈등을 신랄하게 공유해준 주변의 부모님들, 아이들을 더 생생하게 이해할 수 있도록 혜안을 빌려주신 교육 현장의 선생님과 원장님들께 깊은 감사와 응원을 보낸다.

2018년 늦은 봄
김권수

## 차례

**1장**

두뇌를 이해하는 만큼
아이가 보인다

**2장**

## 머릿속에서
## 일어나는 빅뱅

**3장**

## 생각과 마음이
## 자라는 시기

**4장**

## 부모가 줄 수 있는
## 최고의 유산

1장

# 두뇌를 이해하는 만큼
# 아이가 보인다

# 나쁜 부모는 있어도
# 나쁜 자녀는 없다

## 아이와의 관계가
## 뇌를 결정한다

　종종 문제를 일으키거나 환경에 잘 적응하지 못하는 아이들이 있다. 이런 아이들을 상담할 때는 부모님을 함께 만난다. 아이들이 문제 행동을 벌이는 원인에는 환경적 요인도 있지만 가정과 부모님에게서 발생한 요인도 많이 포함되어 있기 때문이다. 그만큼 아이들에게 가장 강력한 영향을 끼치는 존재가 바로 부모다.

　사람의 뇌는 크게 두 가지의 영향을 받는다. '반복되는 것'과 '감정적인 충격'이다. 아이들에게 가장 많은 상호작용을 하는 사람도 부모고 감정적으로 가장 큰 영향을 주는 대상도 부모이기 때문에 가장 많은 영향을 줄 수밖에 없다. 긍정적이든 부정적이든 아이들의 행동은 부모의 말과 행동, 정서적 반응을 살펴보면 이해하기가 쉽다.

아이들의 요구를 잘 받아주지 않고 너무 엄격한 부모에게 자란 아이들은 세상을 지나치게 이성적으로 바라본다. 외형적인 것과 결과에 얽매이고 주변의 변화에 예민하다. 예외를 인정하지 못하고 기존에 정해진 대로 하려고 한다. 그래서 변화하는 상황에 적응하지 못하거나 전체적인 맥락에서 이해하는 것이 어렵다.

## 일관성 없는 훈육은 혼란을 부추긴다

일관성 없는 부모에게 자란 아이들은 감정적 스트레스가 많다. 동일한 사안에 대해 부모의 편리와 감정에 따라 일관성 없는 피드백을 주기 때문에 아이들은 혼란스럽다. 추상적이고 혼란스러운 상태에서 감정적 스트레스가 강하고 부정적 기억을 우선적으로 선택하는 경향이 많다.

아이들과 잘 놀아주는 부모에게서 자란 아이들은 안정적이어서 긍정적이고 사회성이 잘 발달되어 있다. 뇌가 완벽하게 발달하지 않은 아이들은 주변의 환경에 저항하거나 조절하는 하는 것이 힘들기 때문에 더욱 영향을 받기 쉽다.

'문제 부모는 있어도 문제 아이는 없다'라는 말은 이런 영향력으로 해석될 수 있다. 아이들의 행동은 부모나 부모와의 관계를 살펴보면 이해하기 쉽고 부모의 행동 변화를 통해서 가장 효과적인 변화를 만들어 낼 수 있다. 아이들의 뇌는 부모와의 관계 속에서 영향을 받으며 정교하게 조각된다고 볼 수 있다. 그래서 부모와의 관계가 아이들에게 어떻게 영향을 주고 있는가를 이해하면 내 아이를 위한 부모의 통찰은 절로 생겨날 수 있다.


## 행복을 물려주는 부모

모두 잘 아는 것처럼 인간은 관계의 동물이다. 관계 속에서 태어나 성장하고 발전하는 숙명이다. 이는 관계를 통해서만 뇌의 발달이 가능하고 인간으로서 성장한다는 의미이기도 하다. 그런데 아이들에게 있어 관계는 가족이고 그중에서 부모와 주 양육자가 가장 큰 비중을 차지한다. 인간은 관계 속에 있는 타인을 통해서 자기개념을 확립하기 때문에 아이들에게 부모는 자신을 개념화하는 세상의 모든 것이 된

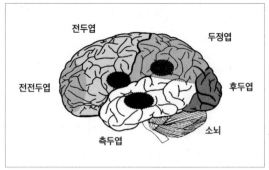

주요 거울뉴런의 분포
거울뉴런은 전운동피질의 아래, 두정엽의 아래, 측두엽의 뇌섬엽 앞쪽이 상호작용하며 활성화된다.

다. 아이들이 자신과 세상을 인식하는 모든 개념이 부모와의 관계 속에서 상호작용하며 만들어질 수밖에 없다는 의미다.

인간을 움직이게 만드는 내적 동기에는 대표적으로 자기결정감, 능력의 확장, 관계의 만족이 있다. 그런데 자율성과 독립심, 자존감의 기초를 만드는 자기결정감과 능력의 확장은 관계 속에서 상호작용하며 펼쳐지게 된다. 스스로 가치 있고 행복하다고 느끼는 아이는 스스로 가치 있고 행복해하는 부모의 모습을 통해서 만들어진다. 아이들은 모든 것을 거침없이 모방하며 학습하고 이를 그들의 뇌에 기록한다.

사람의 뇌에는 거울뉴런이 있어 직접 경험하지 않고도 타인을 보고 상호작용하면서 실제 경험한 것과 같이 학습하고 성장할 수 있다. 그래서 부모와의 관계가 아이들 세상의 모든 것이 된다. 부모의 자존감과 행복이 아이들의 자존감과 행복으로 이어진다. 아이들의 뇌는 무의식적으로 복사되고 있다고 할 수 있다.

## 접촉 박탈 연구가
## 주는 교훈

　제2차 세계대전 중에는 많은 전쟁고아가 발생했고 여러 고아원이 운영되었다. 그런데 영양도 충분하고 위생적이었던 어느 고아원은 이상하게도 생애 첫 해를 넘기지 못하고 사망하는 아이들의 비율이 유독 높았다. 환경이 열악했던 감옥의 보호시설과 비교해도 사망률이 훨씬 높았다. 다행히 생존한 아이들도 신체적으로나 정신적으로 발달이 부진했다. 이유는 무엇일까?

　사망률이 높은 고아원은 영양, 환경, 의료 서비스 모든 면에서 다른 곳보다 더 좋았지만 아이들을 보살필 인력이 부족한 탓에 안아서 말을 걸고 돌봐주지 못했다. 반면에 감옥의 보호시설은 여성 재소자들이 보모 역할을 하며 아이들과 충분히 상호작용하며 보살펴 주었다. '접촉 박탈'이란 이름으로 이 사례를 연구한 결과 관계를 통한 상호작용이 아이들의 신체적, 정신적 발달에 절대적으로 중요하다는 사실이 밝혀졌다. 아이들의 신체적이고 정신적인 발달, 정서적 안정, 면역 시스템은 뇌 발달을 중심으로 양육자와 상호작용하는 경험을 통해 통합적으로 만들어진다. 관계와 상호작용의 결핍은 정상적인 뇌의 발달을 불가능하게 만들고 성장과 생존을 위협하는 요소가 된다. 그래서 인간은 관계의 동물이다.

# 불안과 스트레스를
# 이길 수 있는 호르몬

세상에 태어나 모든 것을 처음 접하는 아이들이 직면하는 대부분은 위협과 스트레스일 수밖에 없다. 이런 불안과 스트레스를 이기고 안정적으로 자랄 수 있게 만들어주려면 부모와의 안정적 애착관계가 무엇보다 중요하다. 부모와의 안정적 관계와 만족은 아이들의 뇌에서 옥시토신과 오피오이드와 같은 호르몬을 만들어내고 불안과 스트레스를 방어할 수 있도록 도와준다.

아이들이 거침없이 호기심을 느끼며 모방하고 학습할 수 있는 것은 스트레스에 대한 저항력과 안정감이 방어막을 만들어 주기 때문에 가능하다. 신체적 접촉 없이 2년을 보낸 아이들의 뇌는 발달이 느리고 스트레스 호르몬의 수치도 높았다. 사람들과의 관계에서 상호작용하며 마사지를 해주면 미숙아의 경우도 놀라울 정도로 안정적인 발달을 보인다. 부모와의 안정적 관계는 아이들이 자라서 성인으로 성장한 후의 결과도 좌우한다. 뇌의 신경망이 길들여지는 것이다. 부모와 정상적으로 접촉하고 상호작용한 아이들의 경우 성인이 되었을 때 정서적 안정과 존중감, 자신감, 대인관계가 그렇지 못한 아이들보다 훨씬 긍정적으로 나타났다는 보고가 많다.

## 가정 내 관계에서
## 학습되는 공감 능력

　인간의 공감 능력은 자신과 타인을 이해하면서 안정적으로 발달할 수 있는 배경을 만들어준다. 안정적으로 잘 발달된 공감 능력은 자신과 타인의 감정을 잘 이해하도록 돕는다. 그래서 다양한 갈등과 스트레스 상황 속에서도 자신을 지키고 잘 극복할 수 있도록 만들어준다. 공감 능력은 아이들이 직면하는 역경을 이해하고 극복할 수 있는 회복력을 만들어준다.

　그런데 타인을 이해하는 공감 능력은 전두엽을 중심으로 뇌의 여러 기능이 통합적으로 잘 발달해야 가능한 능력이다. 고차원적인 뇌의 발달과 뇌의 균형을 요구한다. 이러한 뇌의 발달은 바로 부모의 공감을 통해서 가능하다. 부모로 부터 공감을 받아본 경험을 통해서 해당 뇌가 발달할 수 있고 비로소 아이들의 공감 능력이 작동하게 되는 것이다. 부모와 관계에서 학습되는 공감 능력은 미숙한 아이들의 뇌가 스트레스를 이겨낼 수 있도록 만들어준다. 그리고 자신의 감각과 감정을 안정적으로 인식하고 조절함으로써 사회성을 길러주는 역할도 한다.

# 불안은
## 호기심의 적

아이들의 기대와 호기심은 부모의 관계에 따라 달라진다. TV 다큐멘터리에서 이런 실험을 수행한 적이 있다. 부모와 아이가 한 방에서 놀다가 엄마가 밖을 나가면 아이들의 반응은 어떻게 다를까? 부모가 사라지면 그 즉시 울음을 터뜨리며 엄마를 찾는 아이가 있고, 자연스럽게 잘 노는 아이도 있었다.

부모가 사라져도 잘 노는 아이가 대견하다고 생각하겠지만 전문가들의 해석은 전혀 다르다. 울지 않는 아이들은 자신의 행동을 통해 어떤 변화를 만들 수 있다는 기대와 호기심을 접어버린 상태다. 부모나 주양육자가 아이들의 기대나 호기심을 친절하게 잘 충족시켜 주었을 때 아이들의 호기심과 동기는 항해를 계속한다.

친절한 부모는 아이들의 공감 능력뿐만 아니라 호기심과 기대를 살려갈 수 있도록 하기 때문에 자신의 존재감을 안정적으로 만들어 갈 수 있게 한다. 모든 부모가 아이들의 기대나 호기심을 알아차리고 친절하게 대해주고 싶지만 잘 되지 않는 이유는 이것이 많은 관찰과 상호작용을 통해서 가능하기 때문이다. 부모의 경청과 칭찬, 친절한 대화와 설명은 아이들의 자존감과 자신감을 높이고 자신이 타고난 재능을 펼치고 다듬어갈 수 있도록 만들어준다.

# 뇌의 조절 능력을
# 키우려면

 친절한 부모는 아이들의 기대와 호기심을 잘 알고 친구처럼 인정하는 부모다. 친절한 부모는 아이들의 미래를 행복하게 조각하는 것과 같다. 친절하다는 것은 양육자로서 무조건 아낌없이 베푸는 것을 의미하지 않는다. 아이들이 원하는 것을 이해하고 그때그때 잘 충족시켜주는 것이다. 무조건 다 내어주려는 것이 아니라 아이들이 원하는 것을 관찰하고 이해하고 때로는 단호한 모습을 보일 수 있어야 한다.

 무엇보다 통일된 행동을 보이는 것이 중요하다. 그래야 안정감 속에서 조절할 수 있는 뇌의 능력이 활성화되기 시작한다. 원하지도 않는데 아낌없이 다 내어주다가 상황이 여의치 않으면 다르게 대하는 부모의 모습은 아이들에게 대혼란이다. 아이들은 부모가 보이는 반복된 행동과 분위기, 반응을 통해 자신의 기준과 행동 규칙을 만든다.

 하지만 통일성 없는 부모의 반응은 혼란스럽고 스트레스를 가중시킨다. 바빠서 충분한 상호작용을 못 하거나 상황에 따라 다른 태도를 보이는 부모에게서 자란 아이들은 무척 혼란스럽고 갈등이 많다. 그런 아이들의 세상은 혼란스럽고 스트레스가 많다. 친절하지만 단호하고 통일된 반응을 보이는 부모의 모습을 통해 아이들은 자신이 어떻게 반응하고 스스로를 조절해야 하는지 무의식적으로 느끼고 조절하는 법을 뇌에 새기게 된다. 이런 부모와의 관계 속에서 자신을 조절하고 자신의 기대를 안정적으로 펼칠 수 있는 아이들로 자라게 된다.

부모와 관계가 아이들에게는 세상의 전부가 된다. 부모와의 관계가 불안과 스트레스의 방어막이 됨과 동시에 성장하고 발달하는 학습의 기준이 된다. 겉으로 보이는 것뿐만 아니라 아이들이 자신을 어떻게 개념화할지를 결정한다. 자신의 감각과 감정을 인식하고 어떻게 반응하고 행동할지에 대한 모든 것을 결정한다. 그래서 행복한 부모를 통해 행복한 아이들이 만들어진다. 반대로 행복하지 않은 부모가 행복한 아이를 만들기 힘들다는 것을 설명해 준다. 아이들과 친구 같이 상호작용하면서 행복한 부모가 가장 좋은 부모의 모습이라고 할 수 있다.

## ● 좋은 관계는 곧 편안한 관계

아이도 부모도 편안함을 느낄 수 있는 관계가 가장 중요하다. 아이들에게 어떤 지원보다 부모와의 편안한 상호작용이 좋은 투자가 된다. 아이들의 눈을 바라보고 자주 어루만져 주고 아이들의 말과 선택에 귀 기울여주는 것이다. 모든 관계의 중심에 '신뢰'가 자리하듯이 아이들의 '선택권'을 존중해주려는 부모의 모습이 신뢰를 키운다. 부모가 올바른 판단을 내리려고 하기보다 아이의 의사를 경청하는 것이 관계에서는 더 큰 위력을 가진다.

## ● 공감을 먹고 자라는 아이

신뢰와 영향력이 상호작용하는 좋은 관계가 되려면 일종의 '심리적 계약'이 성립되어야 한다. 아이들의 기대와 호기심을 부모가 이해해 주고 부모의 기대를 아이들이 느끼는 것이다. 그래서 아이들의 행동을 판단하는 부모보다 관찰하는 부모가 중요하다. 상대의 입장에서 이해하기 위해서는 우선 관찰이 필요하기 때문이다. 부모의 경험에서 결론을 내려주고 이끄는 것보다 "그랬구나" "네 입장에서는 그럴 수 있겠어"라고 맞장구 쳐주는 부모가 더 영향력이 있다.

## ● 평등한 관계에서 잠재력이 싹튼다

언제나 가르치려 드는 부모보다는 아이들과 함께 뭔가를 해결하는 부모가 더 영향력이 있다. 아이들에게 친구처럼 물어볼 수 있는 부모, 아이들의 놀이에 어울릴 수 있는 부모, 때로는 천진난만하기도 한 부모는 아이들을 독립된 인격체로 존중하게 된다. 아이들은 많은 지원과 가르침이 필요하지만 관계는 평등해야 한다. 마치 친구같이 호기심을 느끼며 아이들의 일상을 이야기 하는 부모의 모습에서 아이들은 자기존중감을 형성한다. 평등은 같은 기준과 규칙의 적용과 책임을 공유하는 것이다. 부모의 고민에 아이들의 의견이 들어가고 가족회의에 아이들이 부모와 똑같이 안건을 내고 의견을 공유하며 참여할 수 있어야 한다. 아이들을 판단하고 평가하는 것이 부모의 역할이 아니라 부모도 잘못을 인정하고 사과할 수 있을 때 평등한 관계가 된다.

# 아이 머릿속을
# 지도로 그려라

## 순하고
## 말 잘 듣는 아이

말썽을 부리고 떼를 쓰며 말을 잘 듣지 않는 아이가 있다. 이런 아이와 씨름하는 엄마는 순한 아이를 둔 다른 엄마를 보며 무척 부러워한다. 자녀교육에 누구보다 많은 관심을 가지고 아이에게 지원을 아끼지 않았건만, 매일매일 벌어지는 전쟁이 벅차고 힘들다. 유독 자신만 어떤 형벌을 받는다는 느낌을 받기도 한다.

육아와 자녀교육이 어려운 이유는 모든 아이가 전부 다른 특성을 보이며, 같은 아이라도 그때그때 다르기 때문이다. 그래서 육아에는 정답이 없다. 전문가가 말하는 해결책을 듣고 그대로 적용해도 결과는 정반대로 나올 수 있다. 부모 노릇이 벅찬 까닭이 여기에 있다. 소위 '솔루션'이라고 불리는 육아 정보가 내 아이에게는 잘 맞지 않기 때문이다.

엄마들이 한결같이 부러워하는 그 엄마는 정말로 순한 아이를 둔 덕분에 고생하지 않는 것일까? 왜 그 집 아이는 말을 잘 들을까? 아이의 기질 때문이기도 하겠지만, 자녀를 쉽게 기르는 것처럼 보이는 엄마들은 아이들이 무엇을 원하는지 잘 알아낸다. 그리고 원하는 것을 주고, 반대로 엄마가 원하는 것을 잘 얻어낸다. 항상 정답은 기질과 환경, 부모, 상황 등 모든 것이 상호작용하는 가운데 있다.

육아 정보에서 말하는 해결책은 좋은 참고 사항이기는 하지만 내 아이에게는 조금씩 벗어나는 조언이 되기도 한다. 모든 일에는 예외가 있을 수밖에 없다. 그래서 힘들다. 엄마들이 찾아 헤매는 '정답'은 아이에게 있다.

아이를 쉽게 길러서 부러움을 사는 엄마의 노하우는 아이를 잘 관찰하는 것이다. 전문가들이 알려주는 정보에 의지하기보다는 아이들을 관찰해서 얻는 자신만의 정답으로 아이들을 대하기 때문에 적중률이 높다. 엄마의 정답이지만 곧 아이들의 정답이다. 그런 정답은 아이들을 꾸준히 관찰하는 힘에서 만들어지는 통찰과 같은 것이다.

| 내 아이는
| 내가 잘 안다는 착각

　육아나 자녀교육이 힘든 이유는 많은 부분이 '관찰'하지 못한 결과다. 진단 없는 처방은 언제나 무용지물이다. 부모는 자신의 아이들을 잘 안다고 착각할 때가 많다. 아이를 잘 관찰해서 아는 것도 있지만 주변의 다양한 정보와 관심을 통해 아는 것도 있다. 하지만 정확한 진단을 통한 처방이 병을 낫게 하듯이 내 아이를 안다는 것은 관찰을 통해 얻은 내 아이에 대한 정보이어야 한다.

　자녀의 교육이 쉬운 일은 아닌데 더욱 어렵게 만드는 것은 관찰 없이 만들어진 정보들이다. 아이들이 원하는 것이 무엇인지 알지 못하고 아이들을 대하기 때문에 많은 노력에도 불구하고 뜻대로 되지 않는다. 아이들을 관찰하지 않으면서 아이들이 뭘 원하는지 도대체 알 수 없다고 말하는 경우가 많다. 관심은 많지만 아이들이 무엇을 원하지 제대로 관찰하기 힘들다. 바쁜 일상에 상호작용은 적고 부모의 관심과 사랑은 높아서 관찰보다는 효율적인 처방을 원한다.

　관찰은 관찰하기 전에 판단을 버려야 한다. 그런데 이미 많은 정보와 지식으로 미리 판단하고 대한다. 정해진 판단에 딱 들어맞지 않는 아이들의 반응과 행동은 갈등의 원인이 된다. 그런 갈등은 더더욱 관찰하지 못하고 관찰하는 능력을 잃어버리게 만든다. 어떤 부모가 되는가 보다는 아이들이 원하는 부모가 되는 것이 중요하다. 그러기 위해서는 아이들이 원하는 것이 무엇인지 알아야 한다. 부모가 원하는 것이 아니라 아이들이 원하는 것을 알려면 관찰하는 부모의 역할이 중요하다. 이것이 아이들과의 갈등을 줄이고 부모가 바라는 대로 이끌기도 쉽고 효율적이다.

## 협상 기술에서
## 힌트를 얻다

협상에서 주요한 것은 상대의 의도를 파악하는 것이다. 협상 전문가인 스튜어트 다이아몬드Stuart Diamond는 《어떻게 원하는 것을 얻는가》라는 책에서 '성공적인 협상을 위해서는 상대의 머릿속 그림을 그리라'고 강조한다. 그도 자녀교육에서 자녀의 머릿속 그림을 그릴 것을 강조한다. 상대의 의도가 무엇인지 상대의 머릿속 그림을 그릴 수 있으면 협상은 만족스럽고 수월하게 진행될 수 있다. 협상은 상대가 원하는 것을 들어주고 내가 원하는 것도 얻는 것이다. 그러기 위해서는 우선 상대가 진정으로 원하는 것이 무엇인지 파악해야 한다. 상대의 입장에서 순수하게 관찰해야 한다.

서로가 원하는 것을 주고받으면서 서로의 만족을 확장시켜 나간다는 면에서 부모와 자녀 교육에도 시사점이 크다. 협상에서 상대가 원하는 것을 줄 수 있어야 하듯이 부모도 부모가 원하는 것을 얻기 위해서 자녀가 원하는 것을 줄 수 있어야 한다. 그러기 위해서는 관찰이 잘못되면 모든 것이 잘못될 수 있다.

자녀교육의 시작은 관찰이다. 부모의 사랑과 관심을 제대로 결실 맺게 하려면 아이들이 원하는 것을 충족시켜주어야 한다. 알아주어야 한다. 관찰할 수 있을 때 아이들의 말에 진심으로 귀를 기울여줄 수 있다. 아이들에게서 관찰된 정보가 있을 때 아이들의 말과 행동이 의미가 있고 해석이 가능하다. 부모는 모두 자기 자녀를 이해할 수 있다. 그 정도는 부모에게 부여된 능력이다. 전문적인 지식과 솔루션이 사랑하는 내 아이를 행복하게 성장시키는데 고운 자산이 되려면 부모는 우선 관찰할 수 있어야 한다. 자녀교육의 자존감은 부모의 관찰이 만든다.

## ● 부모는 아이 마음의 번역가

걷지도 못하고 말도 못하는 어린 아이들을 키울 때 부모는 번역기가 되어야 한다. 우는 것으로 모든 의사표시를 하는 아이들이 배가 고픈지, 기저귀를 갈아 달라는 것인지, 아픈지, 불편한 곳이 있는지, 놀아 달라는 것인지 정확한 번역이 되어야 한다. 그래야 적절한 도움을 줄 수 있고 아이는 안정감을 찾고 부모는 평안함과 기쁨을 찾는다.

이때도 가장 기본적인 것은 관찰이다. 단순히 불편한 것과 질병의 전조 증상을 구분하려면 평소에 관찰하고 다른 점을 빠르게 인지할 수 있어야 한다. 매일 아침 유치원에 지각하는 아이들의 속마음에는 부모와 좀 더 놀고 싶어서 매일 아침 의도적으로 일정을 지연시키기도 한다. 마트에서 전쟁은 단순히 아이의 호기심을 채우기 원하는 것일 수 있다. 내 아이의 반응에 대해 모든 언어를 번역하는 번역기가 되어야 한다.

## ● 모든 행동에는 이유가 있다

관찰은 이유를 찾는 것이다. 아이들의 행동과 반응에 대응할 정답을 찾는 것이 아니라 이유를 찾으려는 부모의 태도에서 신뢰가 쌓인다. 관찰은 신뢰를 쌓지만 정답은 잔소리를 늘린다. 잔소리는 당장 뭔가가 해결되는 듯하지만 아이나 부모의 불안만 늘어난다. 아이들의 행동에 이유가 있을 것이라고 출발할 때 부모의 공감도 늘어난다. 정답이 아니라 공감이 늘어날 때 부모가 가지는 불안도 줄어든다.

## ● 판단하지 말고, 질문하라

어린 아이들이나 학령기의 아이들도 자신을 완전히 표현하는 것이 쉽지 않다. 부모가 판단하고 그 판단을 말하면 아이들의 행동에 대한 관찰이 어려워진다. 친구들이 놀러왔는데 엄마가 손님이라고 친구들에게 더 관심을 보이고 잘해주면 아이는 표현하지 않고 투정을 부리거나 친구들과 놀면서 짜증을 낸다. "그러면 못써! 이렇게 해야지!"라고 말하기보다 "친구들에게만 잘 해주는 것 같아 속상했어?"라고 관찰한 결과를 말해준다. 아이들은 부모가 관찰한 결과를 말해 줄 때 위로를 받고 자신이 어떻게 표현해야 하는지 방법을 알고 용기를 가진다. 관찰을 해야만 질문이 생긴다.

# 친절함과 단호함
# 사이에서

## | 부모는 아이의
## | 거울

    아이들이 공부를 잘하기 바라면서 아이들을 압박하며 스트레스를 높이는 부모가 많다. 어른들도 위기의 상황에서는 머리가 멍해지고 잘못된 판단을 하기 쉽다. 아이들이 부모의 기대와 바람을 잘 안다고 하더라도 스트레스 상황에서는 뜻대로 절대 되지 않는다. 스트레스에 붙잡혀 판단하고 조절하는 뇌가 작동되지 않기 때문이다. 불이 난 집에서는 불을 끄는 데 온 신경이 집중되어 아무것도 할 수 없는 것과 같다.

그래서 아이들이 공부를 잘하고 유능함을 발휘하기 위해서는 부모의 사랑이 우선되어야 한다. 부모는 아이들이 학습하는 기회를 많이 주는 것보다 학습하고 기억할 수 있는 환경과 뇌를 만들어 주는 데 노력해야 한다.

두 아이가 굴뚝 청소를 하고 방금 올라왔다. 한 아이는 얼굴이 새까맣게 그을렸고 한 아이는 깨끗하다. 여기서 어느 쪽의 아이가 얼굴을 닦을까. 새까맣게 그을린 아이가 닦는 것이 당연하지만 그렇지 않다. 정답은 깨끗한 아이가 얼굴을 닦는다.

인간은 관계 속에서 타인이라는 거울에 비춰진 자신을 보며 자아를 개념화 하는 존재다. 아이들이 무의식적으로 자신을 개념화하는 거울은 바로 부모나 주요 양육자들이 보이는 반응이다. 아이에 대한 사랑과 친절함은 아이들이 자신을 인식하고 세상을 보는 창을 만들어 주고 지배한다. 그 사랑과 친절함에 기대서 자신이 느끼는 것을 안정적으로 탐색할 수 있는지 아니면 경계하며 외부의 자극과 요구에 숨거나 대응하며 스트레스를 받아야 하는지를 결정한다. 이런 생활의 패턴은 아이들의 뇌를 변화시켜 학습과 성장에도 영향을 준다. 부모가 아이들에게 친절하게 대하는 것도 중요하지만 부모가 자기 자신에게 친절한 모습을 보이는 것이 바탕이 된다.

## 해마 크기의 10퍼센트

미국 워싱턴 의과대학 연구팀은 3~6세의 미취학 아동 92명을 대상으로 실험한 결과, 어머니의 사랑과 관심을 많이 받고 자란 아이는 뇌의 해마 부위 크기가 더 크다는 사실을 밝혀냈다. 해마는 기억과 관련이 있고 학습과 스트레스 반응에도 관여한다. 연구팀은 아이와 엄마를 선물상자가 있는 방으로 안내하고 아이에게 엄마가 문서를 작성하고 나면 선물 포장을 풀어도 된다는 말을 남기고 방을 나왔다. 아이들의 호기심이 그런 선물상자를 놔둘 리가 있을까.

자녀가 선물포장을 풀고 싶은 충동과 감정을 조절할 수 있도록 친절하게 도움을 준 그룹과 자녀를 성급하게 야단친 그룹으로 나눠서 4년 후 아이들의 뇌를 살펴보았다. 그 결과 자상한 부모의 자녀들이 그렇지 않은 그룹에 비해 해마가 10퍼센트 더 큰 것으로 나타났다. 부모의 친절함과 자상함은 아이들의 뇌가 안정적으로 발달할 수 있는 환경을 만들어준다는 의미다.

단순히 해마의 크기만 아니라 아이들의 요구사항과 욕구에 양육자가 친절할 때 아이들의 뇌는 다양한 대응을 모색하며 균형을 키워나가는 기회를 가지게 된다. 좌뇌와 우뇌의 역량을 고루 활용하며 이런 균형을 맞춰내는 조율자와 같은 전두엽이 발달하게 되기 때문이다. 똑

같은 사안에 대해 어떤 경우는 이랬다가 어떤 경우는 저랬다 하는 부모를 보면 아이들은 혼란스럽다. 명확한 기준을 학습하고 논리적으로 대응하기 힘들게 만든다.

아이들이 원하는 욕구는 무시하면서 부모가 옳다는 정답만 강요할 때 아이들은 다양하게 자신의 생각을 맞춰보고 탐색하며 조율하는 기회를 잃어버리게 된다. 부모가 친절할 때 아이들은 자신에게 일어나는 감정과 욕구를 자연스럽게 느끼고 상호작용하는 수용력을 가지게 된다. "호기심을 가지고 느끼고 탐색해도 괜찮아!"라고 말하는 것과 같다. 그 과정에서 조절하는 뇌의 균형이 발달한다. 뇌의 균형은 친절하지만 일관성 있고 단호한 부모의 모습에서 만들어 진다.

감정적으로 안정되지 않으면 발달하기 힘든 뇌 부위가 있다. 바로 전두엽이다. 전두엽은 조절하고 조율하는 중앙통제소와 같은 곳이다. 자신의 행동을 조절하고 판단하며 더 나은 미래의 결과를 예상하기도 하고 당장의 만족을 미루고 더 큰 만족을 이끌어 내는 역할도 전두엽에서 한다. 아이들이 편안하게 다양한 시도를 하고 실수 속에서도 자신의 행동을 조절하는 기회를 통해 전두엽은 발달하고 뇌의 균형이 달성된다. 모든 것을 다 대신 해 주는 부모가 아니라 바라봐 주고 기다려 주는 자상한 부모가 만들어 낼 수 있는 결과들이다.

## 제3자처럼 전달하는
## '나—메시지'

아이들의 뇌는 부모의 자상함이 만들어 내는 안정감 속에서 어떤 것은 되고 어떤 것은 되지 않는다는 사실을 알기 원한다. 그리고 현재의 원칙들이 기존에 기억되어 있던 원칙들과 비교하고 상호작용하면서 판단하기를 원한다. 하지만 안정되지 못하면 이런 탐색의 기회는 불가능하다.

그렇기 위해서는 부모가 자신의 감정을 안정적으로 표현하는 것이 중요하다. "너 왜 그랬어! 너 때문에, 네가 잘못해서 이렇게 됐잖아!"라고 이미 판단하고 감정적으로 대하는 것보다 자신의 감정을 객관적으로 묘사하는 것이 중요하다. "어떤 상황에서 엄마는 어떤 감정이 들었다"라고 제3자처럼 상황과 감정을 객관적으로 묘사하는데 이것을 '나—메시지'라고 한다. 감정은 아주 미세하고 인식하기 힘든 부분들이 많다. 이런 측면에서 보면 부모들은 자신의 감정을 이해하고 수용하는 훈련과 학습이 양육을 위해서 반드시 필요하다. 아이들이 자신의 미세한 감각과 감정을 균형 있게 들여다보고 이런 정보를 통합하여 이성적 판단을 내릴 수 있는 능력은 부모의 사랑이 만들어 주는 안정감 속에서 가능하다.

부모들도 어릴 때 초등학교의 운동장은 너무나 넓었다. 하지만 성인이 되어 초등학교 운동장에 가 보면 참 아담하고 작다. 어른들에게는 단순한 감정적 악센트가 아이들에게는 큰 충격이 될 수 있다. 설령 아이들에게 감정적으로 큰 충격이 있다고 해도 부모가 일관되게 아이를 사랑한다는 사실을 확신할 수 있도록 해 주는 것이 중요하다. 이때 아이들을 포근하게 안아주는 스킨십만큼 효과적인 것이 없다.

## ● 친절한 부모

요즘 자녀교육에서 가장 많이 사용되는 단어는 아마 친절하고 자상한 부모일 것이다. 부모의 친절과 자상함이 아이들의 공부 뇌를 발달시키는 환경이 되기 때문이다. 반대로 이야기 하면 공부를 방해는 요인들을 제거해준다는 의미다. 표현하지 않더라도 불안한 마음으로 공부를 잘 할 수 없다. 하지만 친절하고 자상한 부모가 어떤 부모인지를 물으면 쉽지 않다. 아이들의 공부 뇌를 발달시키는 친절하고 자상한 부모를 나름대로 정의해보면 어떨까?

· 친절과 자상함의 키워드는 존중과 공감
· 많이 안아주고 함께 놀아주고 대화하는 부모가 기본
· 아이의 입장에서 생각해 주려는 부모
· 아이들의 감정을 이해하려고 노력하는 부모의 모습
· 아이들의 의견을 존중하고 표현할 기회를 주는 부모
· 아이들의 요구와 행동을 관찰하고 기억해주는 부모

· 아이의 감정을 받아주고 명확한 행동의 기준을 알려주는 부모

· 아이들의 선택을 평가하지 않고 관심을 가져주는 부모

· 아이들에게 일관성을 지키려는 부모


## ● 단호한 부모

마음과 태도는 친절하지만 행동에는 엄격하고 단호해야 한다. 잘못된 행동을 왜 그랬냐며 따지거나 비난하기 전에 올바른 행동을 제시해주면 된다. 그래야 아이들이 불필요한 갈등과 스트레스에 노출되지 않는다. 친절함은 아이의 존재, 감정을 존중하고 공감하는 것이라면 단호함은 행동의 기준, 행동, 아이들이 받아들여야 하는 상황과 규칙을 엄격하게 설명해주는 것이다. 엄격하다는 것은 아이들의 행동에 대해 일관된 반응을 보이는 것이다. 부모는 친절함과 단호함을 함께 사용할 줄 알아야 한다. 어쩌면 쉽지 않은 이런 부모의 사랑이 아이들의 학습과 잠재력을 높여준다.

# 사춘기를 전후로 일어나는
# 전두엽 혁명

## '사람답게'
## 행동하려면

    사람들의 행동이나 심리적 반응은 그 사람의 뇌 상태와 연결되어 있는 경우가 많다. 예를 들어 전두엽이 잘 발달된 사람은 자연스럽게 충동조절이나 감정조절이 잘 되지만 그렇지 않은 사람은 불가능하거나 유독 스트레스를 증폭시킬 수 있다.

    선생님이 설명하고 있는데 혼자서 돌아다니거나 옆 친구를 괴롭히고 충동적으로 행동하는 아이는 성격이나 인성의 문제가 아니라 뇌 발달이나 활성화에 문제가 있을 수 있다. 뇌가 제대로 기능하지 못하기 때문에 나타나는 당연한 행동일 가능성을 살펴야 한다. 전두엽이 제대로 발달하지 못한 어린 아이들에게 상황에 맞도록 행동하라고 요구하고 다그치는 것은 직사각형의 바퀴를 단 자동차로 고속도로를 달리도록 강요하는 것과 같다.

전두엽의 발달과 상태에 따라 사람들의 행동은 달라진다. 충동적이고 감정적으로 행동하던 아이들이 점점 상황에 맞춰서 행동하고 원활하게 의사소통이 가능한 시기는 전두엽이 본격적으로 발달하는 시기다. 이 시기에 우리는 "이제 제법 사람 같다"라고 말하기도 한다. 매너 있고 예의 바른 사람이 사고로 전두엽이 손상되면 갑자기 괴팍하게 변하거나 뻔히 후회할 행동만 골라서 하는 경우도 있다. 정말 곱고 자상하던 할머니가 치매를 앓고부터는 트집 잡고 폭력적인 욕쟁이 할머니가 되는 경우도 있다.

전두엽의 발달과 손상은 이렇게 사람의 행동과 심리적 반응을 손바닥 뒤집듯이 바꿔놓을 수 있다. 전두엽은 사람을 사람답게 만들고 행복한 삶을 살 수 있도록 한다. 사람이 이성적으로 생각하고 판단하는 일, 행동과 감정을 조절하는 일, 공감이나 죄책감고 같은 사회적 반응과 도덕적 행동, 충동억제와 동기부여 그리고 학습까지 모두 전두엽이 제대로 발달하고 활성화되었을 때 가능한 일이다. 그래서 아이들에게 평생을 좌우할 전두엽의 발달은 어떤 계획이나 욕심보다 먼저 챙겨야 한다. 전두엽이 발달할 시기에 제대로 자극이 없으면 전두엽은 발달하지 못한다. 전두엽이 발달하지 못하면 당연한 행동이나 반응도 못하고 비정상적으로 행동하고 고통 받을 수 있다.

전두엽이 발달되지 못하거나 손상되면 어떤 일이 일어날까? 감정이 조절되지 않고 충동적 행동과 감정적 폭발이 증가한다. 아무런 의욕과 감정변화가 없고 무기력하거나 활력이 떨어진다. 미래에 일어날 일을 상상하여 유리하거나 불리하다는 예측과 판단이 어려워 그때그때 반응적으로 행동하기 쉽다. 변덕이 심하고 결정을 내리지 못한다. 계획은 많고 포기가 빠르다. 쉽게 중독되고 중독현상에 무기력하다. 과정과 맥락을 이해하지 못해서 심사숙고하지 않고 결과만 중시한다. 외부의 불필요한 자극에 쉽게 반응하고 집중력이 떨어진다. 공감 능력이 떨어져 갈등과 스트레스가 높다. 인성과 학습 그리고 행복한 삶의 질을 위해서 꼭 필요한 것이 전두엽이다. 흔히들 인성이라는 것은 전두엽이 순조롭게 발달하고 활성화되어 있으면 자연스럽게 달성될 수 있다.

## | 전두엽의
## | 재편성

사람의 뇌에서 가장 늦게까지 완성되는 것이 전두엽이다. 보통 3~4세에서 6세까지 시기에 전두엽이 활발하게 발달하면서 종합적인 사고와 조절이 가능하다. 그래서 이때 판단과 감정조절, 도적적인 인성 교육을 통해 전두엽을 잘 활성화시켜 주어야 한다. 감정적으로 안정적이고 긍정적으로 만들어 주고 친구들과 상호작용하면서 규칙을 지키도록 하고 전체적인 몸을 골고루 활용할 수 있도록 운동시켜야 한다. 이런 과정 속에서 전두엽이 발달하게 되는데 강요하는 학습에 스트레스를 받거나 움직이지 않고 반응적인 휴대폰이나 게임에 몰두하게 되면 그만큼 발달을 억제하게 된다.

초등학교 시절에 1차 완성되었다가 사춘기 전후로 혁명적인 재편이 이뤄지고 20대까지 꾸준히 발달하는 것이 전두엽이다. 사춘기에 중독과 충동, 난폭한 행동 등이 발생하는 까닭은 아직 이들을 조절하는 전두엽이 충분히 발달하지 않았기 때문이다. 목표를 설정하고 계획하여 행동을 조절하는 행위가 초등학교 시절과 청소년기에 쉽게 이뤄지지 않는 것도 전두엽이 완전히 자라지 않은 탓으로 생각할 수 있다. 아이들의 행동은 뇌 발달과 연결되어 있는데, 이를 이해하지 못하면 부모의 걱정만 깊어지고 아이와의 갈등이 심해진다. 한참 전두엽이 발달하고 있는 아이들에게 종합적으로 판단하고 알아서 행동하기를 바란다면 오히려 스트레스로 인해 안정적인 뇌 발달을 방해하게 된다. 손가락이 발달되지 않아 젓가락질이 불가능한 아이들에게 완벽한 젓가락질을 못한다고 걱정하는 것과 같다.

그리고 초등학교 시기에 전두엽의 활성화가 중요한 것은 혁명적으로 재편되는 사춘기 전후의 전두엽을 좌우하기 때문이다. 초등학교 시기에 생각하고 판단하고 다양한 경험의 자극과 활동, 조절을 경험하지 않으면 사춘기에 벌어지는 전두엽 재편성에서 '그런 기능은 필요 없다'며 아예 제외될 수 있기 때문이다. 세 살 버릇 여든까지 간다는 말이나 요즘 젊은 아이들은 전혀 생각하지 않으려 한다거나 어른답지 않게 참지 못하고 충동적이라는 것은 이런 경우를 말한다.

## 경쟁과 자극 속에서 성장 기회를 빼앗기다

중요한 역할을 하기에 오랫동안 정성을 들여 발달시켜야 하는 것이 전두엽이다. 하지만 현대는 전두엽 발달과 뇌 균형을 방해하는 위협 요소가 너무 많다. 과도한 정보의 입력과 반응으로 뇌에서 정리할 시간 없이 즉각적으로 반응하기 급급한 현실이다. 경쟁과 비교가 많아 가치를 판단할 기준이 외부에 있어 천천히 생각하고 판단할 수 있는 성찰적 기회가 적다. 일상의 전개가 빠르고 결과중심의 사회이기 때문에 과정을 관찰하고 기존의 기억과 연결시키고 종합하는 기능이 억제되기 쉽다.

무엇보다 빠른 변화와 경쟁, 벅찬 욕구들, 자극적인 신호는 쉽게 긴장 상태를 만들어 스트레스를 높인다. 긴장과 스트레스가 높아 과도하게 감정적으로 활성화되어 있으면 전두엽이 발달하고 활성화될 기회를 빼앗아간다. 모든 것들이 전두엽의 발달을 가로막는 환경들이다. 전두엽의 역할이 더 필요한 시대인데 전두엽의 발달할 기회가 줄어 든 상황이다.

## 빈곤의 대물림

전두엽은 한 인간의 인성, 사회성, 행복감에 결정적인 영향을 주기 때문에 어릴 때부터 관리되어야 한다. 뇌는 활용할수록 발달하고 활성화된다. 특히나 오랜 시간동안 천천히 완성되기 때문에 교육과 훈련이 필요하다. 저소득층의 자녀가 학업성취도가 낮은 것은 전두엽의 발달에 장애 때문이라는 연구 보고도 있다. 어린 시절 학대와 가정폭력, 생계 등의 극심한 스트레스는 전두엽의 발달을 억제했다는 것이다. 제대로 발달하지 못한 전두엽은 학습과 인지 능력은 물론 사회적 갈등과 범죄에 대해 조절 능력도 떨어뜨리고 경제적 빈곤을 대물림하게 된다는 주장이다.

전두엽은 활용할 기회를 자주 줄수록 발달하고 활성화 한다. 감각적으로 반응하기 보다는 관찰하고 생각하고 판단해서 말로 표현할 때 발달한다. 그래서 토론하는 교육이 중요하다. 결과보다는 과정을 관찰하면서 패턴을 찾거나 기존의 기억과 비교해서 차이점을 찾아내는 활동에 반응한다. 목표와 계획을 세우고 여러 사람과 상호작용하면서 결과물을 만들어 내는 활동이 좋다. 이런 과정들은 주의를 집중하고 기억하고 조절하는 활동들이다. 학습, 일, 놀이 할 것 없이 안정적이고 긍정적인 분위기에서 주의를 집중하여 관찰하고 계획하고 조절하면서 되돌아 볼 수 있는 기회를 많이 주는 것이 핵심이다. 여행, 가족회의, 규칙이 있는 상호작용 놀이, 계획 세우기, 역할놀이, 주제에 대한 발표, 독서와 일기 그리고 토론과 같은 일상의 일들이 해당된다.

1장 두뇌를 이해하는 만큼 아이가 보인다

### ● 결과보다 과정이 중요한 까닭

전두엽은 통합하고 조절하는 능력으로 대표된다. 강요와 지시에
의해 정답이 정해져 있을 때 통합하고 조절할 필요를 느끼지 못한
다. 전두엽을 활용할 필요가 없어진다. 목표가 중요한 것은 목표를
설정하고 그 목표를 달성하는 과정에서 통합과 조절의 능력이 길러
지기 때문이다. 그래서 아이들에게 결과만 중요시 하지 말고 어떻
게 그 결과를 만들었는지 물어야 한다. 당장은 결과가 중요할지 모
르지만 아이들의 전 인생을 보면 어떻게 결과를 만들었느냐가 중요
하다. 부모의 초점과 질문이 중요하다.

### ● 몸을 움직이면 두뇌도 움직인다

신체의 조절 능력이 필수적인 운동은 뇌의 균형과 전두엽을 발
달시킨다. 특히 조절 능력과 판단이 필요한 움직이나 운동은 전두
엽을 활성화시키기에 좋다. 예를 들어 저글링이나 농구, 배드민턴

등과 같은 운동은 공간과 신체적 판단을 함께 활용하여 뇌를 활성화시킨다. 줄다리기와 같이 당기고 매달리는 근력을 활용한 저항운동과 외발로 서는 등의 균형을 잡는 운동은 전두엽을 활성화시키는 운동의 기준들이다.

## ● 스스로 목표를 세우고 관리하도록

목표를 세우고 계획하고 실행을 모니터링하는 것은 전두엽의 핵심기능이다. 아이들과 함께 아이들이 원하는 목표를 세우고 매일 간단하게 점검하는 성찰의 과정은 목표 지향적으로 시뮬레이션하는 능력과 종합적으로 사고하는 능력을 키워준다.

## ● 책 읽고 토론하고 생각을 표현한다

책을 읽을 때는 뇌의 활성이 높다. 책의 내용을 상상하고 시뮬레이션 하려면 전두엽을 많이 활용해야 한다. 비디오 게임이나 만화보다는 글자로 된 책을 읽을 때 뇌의 활성이 가장 높았다. 이것은 전두엽을 많이 활용하기 때문이다. 토론하고 자신의 생각을 표현하려면 더 복잡하게 전두엽의 전 영역이 활성화되어야 한다. 종합적

사고가 가능해야 하기 때문이다. 전두엽이 활성화되지 않으면 책을 읽고 정제된 표현을 하면서 토론하는 것은 엄청 어려운 일이 된다.

## ● 전두엽을 깨우는 놀이들

긴 단어를 하나 정한 뒤 눈을 감고 거꾸로 읽어보자. 만약 '예쁜 우리 아이'라면 '이아 리우 쁜예'라고 하는 것이다. 쉽지 않다. 머릿속에 조절과 조합이 일어나야 한다. 이번에는 양손으로 가위바위보를 하는데 항상 오른쪽이 이기도록 해보자. 상당한 조절 능력을 필요로 한다. 전두엽을 활용하는 것이다. 잘하면 쾌감이 크다. 전두엽이 만들어내는 쾌감은 조절 능력에서 나온다. 책을 거꾸로 읽거나 분류를 기억하는 것도 도전적이지만 재미있다. 예를 들어 1분 안에 식물, 강, 동물, 산 이름 대기는 충동 억제와 조절, 판단력을 함께 쓰면서 전두엽을 활성화시킨다. 또는 '가'라는 글자로 시작하는 말 찾기 같은 게임은 아이들이 어려워하면서도 즐거워한다.

# 감정을 깨닫는 능력도
# 지능이다

## | 감정적 처신과
## | 공격적 행동

어떤 아이는 자신이 느낀 감정이나 생각을 표현하면서 원하는 것을 요구하고 어떤 아이는 감정적으로 반응하면서 떼를 쓰기도 한다. 조절과 반응의 차이다.

스스로 조절할 수 있는 뇌를 가진 아이와 반응하는 뇌를 가진 아이는 자신이 원하는 것을 요구하는 방식과 목적을 달성하는 방식이 다르다. 어떤 목적지를 찾아갈 때 무작정 헤매다 길을 찾는 것이 '반응'이라면 여러 가지로 생각해 보고 보다 정확한 길이나 지름길을 찾는 것은

'조절'이라고 할 수 있다.

사람이 성장하면서 뇌가 발달한다는 것은 감각과 감정의 반응에서 점점 조절력이 향상된다는 의미다. 느끼는 대로 반응하는 것이 아니라 자신에게 유리한 판단을 하고 선택해서 행동하는 것이 가능해진다는 의미다.

그런데 뇌가 발달하지 못하면 조절한다는 것이 어렵다. 자신의 욕구나 감정을 조절하는 것은 인성이기 이전에 뇌의 발달과 균형의 문제다. 뇌가 안정적으로 발달하고 균형을 이루면 조절 능력을 활용하는 데 용이하다. 아이나 어른이나 자신의 욕구나 감정을 이기지 못하고 폭발하고는 상황을 더욱 불리하게 만들고 후회하는 일은 일차적으로 뇌의 발달과 균형의 문제라고 할 수 있다.

아이나 어른이나 조절력을 갖추지 못하면 감정적인 사람이 되기 쉽고 의식적인 낭비가 심해진다. 그래서 스트레스를 심하게 받고 방어적이거나 공격적으로 행동하게 된다.

뇌는 활용할수록 더욱 활성화된다. 반대로 활용하지 않으면 않을수록 감각과 감정에 의지해 반응한다. 그러니 조절력을 높일 수 있는 방향으로 뇌를 활용하고 활성화하려는 노력은 누구에게나 반드시 필요하다. 특히 어린 시절을 보내며 뇌에 지도를 만들어주는 것이 더욱 중요하다.

# '내가 왜 이러는지
나도 모르겠어'

충동조절이든 감정조절이든 조절 능력은 전 인생에 걸쳐서 개인에게 유리한 상황을 만들어내는 데 중요하다. 그런데 감각과 감정을 인식해야 조절이 가능하다. 감각과 감정에 단순히 '반응'해서 충동적으로 행동할 때는 그 감각과 감정을 제대로 인식하는 것이 불가능하다. 눈물이 나고 화가 나는데 왜 그런지 잘 모르는 경우다. 감각과 감정을 담당하는 뇌와 이를 인식하고 판단하는 뇌 부위는 다르다. 이들이 잘 연결되어야 조절력이 발휘된다. 즉 감각과 감정을 느끼고 바로 반응하기 전에 이를 인식하고 판단하는 곳으로 연결되어야 한다.

조절력의 기초는 자신의 감각과 감정을 제대로 느끼고 인식하는 데서 시작된다. 아이들이 자신의 감각과 감정을 인식하려면 느끼는 감각과 감정을 인정받아야 한다. 그런 안정감 속에서 감각과 감정을 인식하고 자신의 판단과 조절력을 길러낼 수 있다. 조절 능력이 떨어지는 아이들은 부모가 아이들이 느끼는 감각과 감정을 인정해주지 못한 경우가 많다. 아이들의 조절력은 아이들의 감각과 감정을 수용하고 인정하는 부모가 만들어 주는 셈이다. 아이들의 감각과 감정을 억제하거나, 강요해서 반응적으로 표출하도록 하면 감각, 감정, 충동, 욕구를 인식하고 조절하는 뇌가 활성화되기 힘들다.

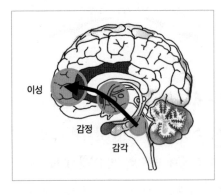

**조절하는 뇌의 수직적 연결**
안쪽에서 바깥쪽으로 감각을 담당하는 뇌간과 감정을 담당하는 변연계에 이어 통합과 조절을 담당하는 전두엽의 원활한 수직적 연결이 조절과 균형을 만들어 낸다.

　분명 떼쓰는 아이와 참지 못하는 아이는 조절 능력이 떨어진다. 아이의 충동, 욕구, 감정을 인정해주면 떼쓰는 것이 줄어든다. 그렇다고 무조건 들어주라는 것은 아니다. 아이가 느끼는 것을 인정해 주는 것과 아이들이 원하는 것을 들어주는 것은 다른 문제다. 일단 아이들이 느끼는 감각과 감정을 인정해 줄 때 자신이 느끼는 감각과 감정이 무엇 때문에 일어나는지 알게 되고 상황에 맞게 조절하려는 뇌의 능력이 활성화된다.

## 감각과 감정을
## 인식하는 경험

　떼쓰는 아이를 좀 더 생각해보자. 떼쓰는 아이는 자신이 원하는 것을 달성하기 위해서 감각적으로 반응한다. 자신의 감각에 충실하고 충동에 반응하는 것이다. 떼를 쓰니까 원하는 것을 달성할 수 있었던 아이는 언제나 같은 반응을 보이게 된다. 조절보다는 반응이 목표를 달성하는데 유리하다는 것이 증명되면서 뇌에 각인된다.

조절이 불가능할 때 반응은 더 강해진다. 감각과 감정을 인식하고 이를 조절하는 협업이 학습되지 못한 뇌는 조절력이 떨어진다. 떼를 쓰는 아이는 자신의 감각과 감정을 인식하고 조절함으로써 자신을 충족시키는 다른 방법을 찾지 못한 상태다. 부모와의 상호작용 경험을 통해 감각과 감정을 인식하고 조절하는 뇌가 발달할 기회가 적었다는 의미다.

## 언어를 통해 조절 능력이 자란다

아이들은 언어를 배우면서 조절이라는 뇌가 발달하게 된다. 언어는 반응을 지연함으로써 조절하는 역할을 한다. 느끼는 감각과 감정을 언어로 표현하기 위해서는 자연스럽게 자신의 감각과 감정을 인식하고 적합한 언어를 탐색함으로써 반응을 지연시켜야 한다. 그리고 조절된 욕구의 인식과 표현이 가능하게 된다. 이렇게 반응과 행동 사이에 조절과 선택을 경험하면서 뇌는 발달하고 균형을 이루어 간다. 조절력을 키우기 위해서 아이들에게 자신의 감각욕구, 충동과 감정을 표현하도록 돕고 요청해야 한다.

부모나 주변의 사람들이 먼저 자신의 감각과 감정을 차분하고 다양하게 표현하는 모습을 보여야 한다. 좋은 감정은 과장하고 부정적인 감정은 억제하는 부모는 아이들이 자신의 감정을 인식하고 조절하는 방법을 학습할 기회를 빼앗고 있다는 것을 알아야 한다. 자신의 감각과 감정을 인식하지 못하고 조절하지 못하면 불필요한 감정과 충동에 휩싸여 감정적이고 의식적인 낭비가 심하다. 이때 자신이 원하는 행동을 판단하고 선택할 수 있는 기회는 당연히 줄어들게 된다. 이것은 자연스럽게 자기존중감에도 영향을 준다. 그래서 자신의 감각과 감정을 존중받고 차분히 표현할 수 있는 아이들이 자기존중감이나 스스로 동기를 부여하는 능력이 높은 것은 당연한 사실이다.

## 자기 자신에 대해 알기

조절 능력은 자기인식, 알아차림에서 시작된다. 어떤 상황에서 무엇 때문에 어떤 느낌과 감정이 유발되는지 인식하는 것이다. 어른도 어려운 일인데 아이들에게는 더 어렵다. 하지만 자신이 느끼는 감각과 감정을 명확하게 인식하는 것은 조절 능력을 향상시켜 아이들이 불필요한 갈등에 휩싸이지 않도록 만들어 준다. 부모가 무작정 야단을 치면 야단치는 것이 무서운 것인지, 자기 마음을 알아주지 않아서 서운한 것인지, 나만 야단을 맞아서 화가 나는 것인지 아이는 자신의 감정과 감각을 읽고 인식하거나 판단하기 어렵다. 그래서 부모는 아이들이 느끼는 감각과 감정을 공감하며 관찰할 수 있어야 하고 물어봐야 한다. 물어보는 것만으로도 아이들의 조절 능력은 향상된다.

아이들이 자신이 느끼는 감각과 감정이 촉발되는 시점과 원인을 알아차릴 때 받아들이고 이해할 수 있는 계기와 힘이 생긴다. 예를 들어 야단을 맞고 있을 때 자신에게 어떤 감각과 감정이 드는지, 무엇 때문에 그런 감각과 감정을 느끼고 있는지 알아야 한다. 안다는 것은 명하게 자신의 감각과 감정에 휩싸여 있지 않고 생각하며 조절할 수 있다는 의미다. 그렇지 않으면 아무리 야단을 치고 설명해도 변화가 생기기 힘들다. 아이들이 인식하게 될 때 감각과 감정의 뇌에서 전두엽으로 이어지는 협업의 뇌, 균형 있는 뇌가 만들어진다. 아이나 어른이나 감정, 충동, 행동 조절이 힘든 사람들은 이런 시점과 원인을 인식하는 데 실패했을 가능성이 크다. 아이들의 요구에 즉각적으로 반응해 주지 않을 때 아이들은 자신의 감각과 감정을 인식하는 능력이 떨어지고 조절하는 것이 참 힘든 일이 된다.

# 반복 훈련이
# 조절 능력을 높여준다

조절은 반응과 행동 사이에 틈을 만들고 자신이 원하는 선택을 가능하게 한다. 감각과 감정의 반응이 일어났을 때 바로 행동으로 분출하는 것이 아니라 감각과 감정을 읽어 판단을 하고 행동한다는 것이다. 이런 능력이 감성 지능emotional intelligence이다. 아이들에게 이런 능력을 키워주려면 아이들이 느끼는 감각과 감정을 읽을 수 있도록 부모가 도와주어야 한다. 왜냐하면 이런 조절 능력은 반복적인 경험과 훈련에 의해 만들어지기 때문이다. 그러니 감정과 충동을 알아차리는 연습이 필요하다. '옳다' '잘못됐다'라는 판단에 앞서 내게 그런 감정과 욕구가 생기는구나 하고 제3자가 바라보듯이 관찰하고 받아들이는 연습이 필요하다.

아이들에게는 자신의 감정과 충동을 어떻게 느끼고 있는지 물어봐야 한다. 이때 아이들은 자신의 감각과 감정, 충동은 불편한 것이 아니라 느끼고 읽어야 하는 대상임을 알게 된다. 쉽지는 않지만 감정과 충동에 휩싸여 있을 때 주의를 전환시키거나 "원하는 것이 무엇이니?" 또는 "어떻게 하기를 바라니?" 등의 질문을 던져서 자신의 감각과 감정을 읽고 판단을 할 수 있도록 해야 한다. 뇌가 협업을 하고 균형을 이루도록 만드는 과정이다.

## 불필요한 소음을
## 구분해내는 지혜

　욕구와 감정은 우리 몸으로 드러난다. 조절 능력은 이런 몸의 감각을 잘 인식하는 것에서 시작된다. 유아기에 배가 고프고, 잠이 오고, 기저귀를 갈아야 할 때부터 자신이 원하는 것이 정확히 모르지만 울먹이고 눈시울이 뜨거워지고, 목소리가 억눌리고, 과격한 행동을 할 때 부모는 그 반응에 귀를 기울여야 한다. 그리고 잘 대응해 주었을 때 아이들은 편안함을 얻고 자신이 원하는 것이 무엇인지 감각을 통해 정확히 학습하게 된다. 그 틈을 통해 조절 능력이 향상되는 것이다. 적어도 그런 반응에 대해 대응하고 아이들의 주의가 자신의 감각과 반응을 탐색하고 살필 수 있도록 도와주어야 한다.

　아이나 어른이나 몸에 대한 자각이 높아지면 나에게 일어나는 감정과 욕망의 실체가 무엇인지 또렷하게 알 수 있다. 자신의 마음을 쉽게 읽게 된다. 더불어 자신에게 불필요한 소음이 어떤 것인지 명확하게 구분할 수 있는 힘이 생긴다. 이렇게 되면 소음처럼 불필요한 감정이나 생각에 귀를 기울여서 증폭시키거나 의식적 낭비를 피할 수 있다. 단순히 야단 한 번 맞은 것으로 자신을 책망하거나 죄책감을 느끼거나 나는 부모님의 짐이라는 불필요한 생각을 떨쳐버릴 수 있다.

# 아이의
## 평생 행복을 위한 버튼

마시멜로 실험에서 만족을 지연할 수 있었던 유치원생이 자라서 보다 건강하고 부유하고 삶의 만족수준이 높았다는 사례를 반복하지 않더라도 아이의 조절 능력은 평생의 행복과 불행을 담당하는 행복 조절자 역할을 한다. 행동적 측면에서 아이들의 조절 능력을 키우는 핵심은 선택, 자율, 책임이라고 할 수 있다. 조금 미덥지 못하더라도 아이들이 스스로 선택하고 자율적으로 행동할 수 있도록 배려하지만 스스로 책임을 질 수 있도록 해야 한다. 이것은 아이들이 받아들일 수 있는 규칙 속에서 이루어져야 한다.

아이들과 규칙을 만들고 함께 지키는 부모의 아이들은 조절 능력이 높다. 이런 상황에서 부모에게 필요한 것은 친절함과 단호함이다. 아이들의 입장에서 자율성과 선택권을 보장하는 것은 친절함이고 규칙을 중심으로 일관되게 책임을 요구하는 것은 단호함이다. 아이들의 뇌에 조절의 버튼을 만들어주는 것은 부모의 관심과 배려가 필요하다. 스스로 목표를 찾아 지속하고, 만족을 지연하여 더 큰 만족을 이끌어 내고, 스트레스에 대한 대응과 회복력을 높이고, 원하지 않는 감정과 충동에 시달리지 않고 보다 안정적으로 심리적 행복감을 주도할 수 있도록 도와주는 일은 아이들이 어릴 때 해야 한다.

## ● 질문하고 인정하기

올바른 것을 가르치는 것보다 중요한 것은 아이들이 느끼는 것을 인정하고 받아주는 것이다. 잘못된 행동을 하더라도 아이들의 감정과 욕구가 무엇인지 알고 일단 인정해주는 것이 바람직하다. 그렇게 되면 문제의 행동을 올바르게 가르치는 것이 훨씬 쉬워진다. 아이들의 행동을 해석할 수 있도록 의도나 동기, 욕구를 질문하고 인정해주면 행동에 더더욱 책임을 지게 된다.

## ● 규칙을 정하고 함께 지키는 연습

아이들은 규칙을 통해 조절 능력을 경험하고 적절하게 대처할 수 있는 능력을 키우게 된다. 옷을 제자리에 둔다거나, TV를 보기 전에 30분 공부하거나, 주말과제는 토요일 저녁에 한다거나 어떤 규칙이든 아이들의 발달 수준에 맞는 것이어야 하고 아이들이 동의하는 것이어야 한다. 규칙은 한 번에 잘 지켜지지 않기 때문에 부모가 함께 관리하고 필요하다면 재조정하는 과정을 거치면서 자리를 잡게 해야 한다. 일정한 시간을 정해 그런 규칙에 대해 결과를 스스로 평가하는 시간을 가지는 것도 필요하다.

## ● 반응보다는 상호작용

　스마트 기기나, TV 등은 아이들이 조절할 수 있는 기회가 많지 않다. 일방향의 빠른 속도 때문에 반응적으로 바뀌게 만든다. 상호작용이 필요한 놀이나 역할놀이, 게임, 대화는 자연스럽게 조절 능력을 활용할 기회를 늘려준다. 놀이나 역할놀이는 아이들이 원하는 행동 이끌어 내기 위해서 자신의 행동을 조절할 필요를 느낀다. 놀이뿐만 아니라 게임에는 목표와 규칙, 순서가 있어 이를 이해하고 자신을 조절해야만 더 즐거울 수 있다는 것을 알게 된다. 이기고 졌을 때 정서적 감정에 대한 조절 능력도 학습되게 된다. 조절 능력이 좋은 아이들은 부모나 주변에서 상호작용하며 잘 놀아주는 특징이 있다. 다양한 연구에서 부모나 주양육자가 아이들의 놀이에 참여하는 수준이 조절 능력을 높여준다고 밝히고 있다.

## ● 스스로 결정할 기회를 주고 대안을 제시하는 부모

아이들뿐만 아니라 모든 사람은 스스로 결정하고 개입될 때 자신의 행동을 조절하기 쉽고 책임감을 느낀다. 지시하고 따르도록 강요하기 보다는 아이들이 스스로 결정하도록 허용하고 때로는 제안하면 조절 능력을 활용할 기회가 많아진다. 아이들이 쉽게 결정하지 못하거나 하지 못할 것을 결정할 때는 '된다' '안 된다'라는 판단보다는 다른 대안을 제시하면 판단하고 조절하는 능력이 향상된다.

# 자기인식 시스템이
# 만드는 사회성

　사회성이 좋은 아이들은 자신의 선호가 비교적 뚜렷하고 감정 표현을 잘한다. 타인의 입장과 감정을 배려할 줄 알고 나누고 협동하는 것이 자연스럽다. 주변의 환경이나 타인에 대해 적절하게 대응할 줄 아는 사회성은 자기인식에 출발한다. 자신에 대한 인식을 잘 못하는 경우에는 타인에 대해 어떻게 대응해야 할지 잘 모르기 때문이다.

　친구들과 잘 지내지 못하는 아이의 경우 또래 친구들이 싫어하는 행동을 하고도 자신이 무엇을 잘못했는지, 친구들이 왜 싫어하는지 알아차릴 수 없는 등 자기인식이 부족한 경우가 많다. 주변의 반응을 해석하는 것은 자기 자신을 통해 이루어지는데 자신에 대한 인식이 부족한 경우에는 환경이나 관계를 해석하는 것이 어렵고 왜곡되기 쉽기 때문이다.

## 사회와 내가
## 어떤 관계를 맺고 있는가

자기인식이 부족한 경우에는 자신의 정보와 타인의 정보를 구분하지 못하고 환경과 주변을 적절하게 해석하고 대응하는 사회성 발달을 힘들게 만든다. 사회적 관계와 상황에서 자신이 어떻게 관계되어 있는지 자신을 인식하기 힘든 탓이다.

타인이나 주변의 환경에 늘 부적절하게 대응하거나 자기중심적인 성향이 너무 강하다고 느끼는 아이들은 자기 인식 능력이 부족하기 때문일 수 있다. 사회와 타인의 관계를 해석하고 대응하는 능력은 올바른 자기인식이라는 시스템을 통해서 완성될 수 있다. 자신에 대한 구분이 가능해지는 만 2세부터 부모와의 애착과 상호작용을 통해 아이들은 자신을 인식하는 능력을 정밀하게 다듬어갈 수 있다. 하지만 자신을 인식할 수 있는 경험과 기회가 적은 경우에 세상은 어렵고 복잡하다고 느끼게 된다.

# 흔들리는
## 나를 잡아주다

자기 인식 능력은 기본적으로 자신의 감정, 생각, 욕구, 가치를 인식하는 능력을 말한다. 자신의 감정, 생각, 욕구, 가치를 잘 인식하고 있으면 정확한 자기 기준이 설정되어 있어 외부 세계를 인식하고 상호작용하는 데 혼란이 적고 적극적이다. 나에게 느껴지는 느낌이 무엇인지 정확히 모르는 상황에서는 일단 방어적이게 된다. 타인이나 외부와 상호작용하기 힘들고 부담스러워진다.

내 기준이 명확하지 않을 때는 주변의 변화에 끌려 다니며 나의 기준도 흔들린다. 불필요한 갈등과 불안 등 의식적 낭비를 하지 않고 정확하게 세상을 인식할 수 있으려면 자기 인식 능력이 필요하다. 자신의 기준으로 세상을 볼 때 명확하게 인식하고 판단하고 행동할 수 있다. 요즘 카메라에는 '손 떨림 보정' 기능이 있다. 삼각대 같은 장비 없이 사진을 찍으면 초점이 맞지 않고 피사체가 흔들려 정확히 알아보기 힘들다. 흔들려서 선명하지 못하고 모호한 기준으로 찍힌 세상은 언제나 불안하고 모호한 법이다. 자기 인식 능력은 카메라의 떨림 보정 기능과 같다.

사람의 뇌는 의식적으로 인식하지 못하더라도 감정적 정보가 없이는 이성적인 판단이 어렵다. 이성적 판단을 하는데 감각과 감정적 정보는 중요한 정보자원이 된다. 우리가 의식적으로 인식하지 못해도 감정과 느낌은 정확한 판단을 위한 정보를 제공한다. 이런 것이 직관이고 통찰이다. 미래를 위해 직관력을 키우라고 하는데 그것은 자신의 감각과 감정 등 자기 인식 능력을 키워야 한다는 의미다. 그런데 자신의 감각과 감정, 욕구나 가치에 대해 잘 모를 때에는 정확한 판단을 하는데 정보가 없거나 모호한 정보가 제공되는 것이나 마찬가지다. 느끼지만 알 수 없는 모호한 감정상태에서 어떤 판단도 못하고 멍하게 있다가 끌려가는 모습을 쉽게 상상할 수 있다.

## 감정적 왜곡과 교란

자신의 감정, 생각, 욕구, 가치를 잘 인식하는 것은 쉽지가 않다. 왜곡이 많기 때문이다. 화가 나지만 깊이 들어가 보면 서운함과 아쉬움이 그 원인일 때가 많다. 화라는 감정 때문에 그 밑에 숨어 있는 진짜 감정을 알 수 없게 된다. 나의 욕구와 가치는 내가 원하는 것이 아니라 주변의 사람들이나 사회가 원하는 것인지 모른다. 수면의 바닥이 진정한 내 모습이라면 우리는 바람에 흔들리는 수면에 비친 모습을 나라고 인식하기 쉽다. 바람에 흔들리는 수면을 잔잔하게 하지 않는 이상 바닥을 보기는 불가능하다. 바람을 일으키고 있는 것은 자기 자신이다.

우리가 정확한 판단을 하도록 정보원 역할을 하는 것이 감성이라고 했는데 역설적이게도 이런 감성이 자신을 올바로 인식하지 못하게 한다.

어린 아이들의 경우에는 이런 왜곡을 만드는 사람이 부모일 경우도 많다. 부모의 야단, 판단, 강요 등이 수면을 흔드는 바람으로 작용하기도 하는 것이다. 감성적 정보는 양이 많고 모호하기까지 하다. 진짜도 있고 가짜도 있다. 우리는 주의를 집중해서 그런 흔들림의 왜곡을 극복하고 진짜 자신의 것을 볼 수 있어야 한다. 어릴 때부터 이런 흔들림 속에 자신을 인식하는 능력을 키워줘야 한다. 자기인식과 자기평가는 자신의 감정인식 토대 위에서 가능하다. 그러니 아이들에게 자신의 감정을 정확히 인식하도록 허용하는 것은 어떤 교육보다 우선되어야 한다.

## 자신감, 수용력, 개방성을 높이려면

명확한 자기인식은 자기존중감과 자신감을 높인다. 자신의 감정 등을 명확하게 인식하게 되면 흔들림이 적다. 흔들림이 적기 때문에 보다 더 명확하게 인식할 수 있다. 선명한 자신을 만나게 된다. 그리고 불필요한 것들을 쉽게 가려내고 필요한 것에 대한 선택이 분명해 진다. 뭔가 분별이 가능한 자신과 만나면 자신감은 자연스럽게 따라온다. 스스로 무엇을 어떻게 맞추고 조절해야 하는지 알기 때문이다. 자신을 그대로 개방하는데 두려움도 없어진다. 뭔가 일관성이 존재하고 자신의 생각과 감정이 주변에 어떤 영향을 미치는지 인식하고 행동하기 때문에 신뢰감이 생긴다. 자기인식은 이렇게 신뢰감과 함께 개방성과 주변의 수용력을 높여서 사회적 지능을 높인다. 자기인식이라는 것이 한 번에 쉽게 이루어지지 않는 것과 같이 개방성과 수용력도 쉽게 만들어지지 않는다. 나이가 어릴 때부터 자신을 인식하는 능력을 키워야 하는 이유다.

반면에 자신의 감정을 억누르거나 타인이 원하는 관습화된 감정을 표출하는 사람들은 자신이 무엇을 원하고 느끼는지 모른다. 처음에는 자신의 감정이 무엇인지 잘 알던 사람도 감정을 억누르거나 무시하게 되면 감정을 인식할 수 있는 능력 자체가 점점 떨어진다. 자신의 감정을 표현하는 단어가 사라진다. 자신의 감정인식 능력은 자신이 사용하는 감정의 단어로 알 수 있다. 자신의 감정을 정의하는 것뿐만 아니라 자신의 감정이 어떻게 발생했으며 주변에 어떤 영향을 주는지에 대한 관심이나 주의력도 떨어지게 된다. 점점 자기라는 존재에 대한 인식은 희미해지고 감각적인 반응이나 외부에게 강요된 감정적 반응을 반복하게 된다. 그러니 자신을 있는 그대로 수용하는 것이 부담될 뿐 아니라 타인을 공감하고 수용하는 것이 더욱 힘들게 된다. 타인을 공감하고 수용하는 것은 자신을 인식하고 이해하는 그 시스템으로 이루

　　　　　　　　　　1장 두뇌를 이해하는 만큼 아이가 보인다

어지기 때문이다. 자신을 잘 이해해야 타인을 이해하는 것이 가능하게 된다. 그렇기 때문에 아이들에게 피어나는 감정을 억압하거나 부모가 요구하는 감정을 골라 표현하도록 만드는 것은 당장 문제가 없어 좋을지 몰라도 아이의 인생에서는 상당한 도전을 만드는 것이다. 잔뿌리가 없는 나무가 건강하지 못하듯이 아이들의 뇌 속에 네트워크를 골고루 만들지 못하게 된다. 자신의 감정을 인식하고 잘 표현하는 사람은 자신의 감정과 욕구에 더 관심을 가지게 된다. 감정이 생겨나고 표출되고 아주 순조롭게 순환하기 때문에 시기적절하게 감정과 욕구가 활용될 수 있다. 하지만 자기인식 능력이 부족한 사람은 자신의 감정을 억압하거나 무시하거나 감정 읽기를 미루고 망설이다가 원하는 않는 곳에서 분출되고 폭발하는 경우가 많다. 감정은 어떻게 판단하고 행동할지 정보를 주고 사라져야 하지만 그렇지 못한 감정은 몸속에 차곡차곡 쌓여서 압력만 높아지게 된다. 한계를 넘게 되면 시기에 맞지 않게 의도하지 않게 폭발하게 되는 것이다.

## 세상의 중심에는 '내가' 있다

자기 인식 능력이 부족한 사람은 항상 주변 사람들과 갈등이나 부조화를 경험한다. 주변의 사람을 힘들게 하면서 스스로 열정적이고 열심히 한다고 생각하는 사람들을 보면 자기 인식 능력이 부족한 사람이다. 심하게는 공감 능력이 부족한 사회적 난독중을 보이기도 한다. 학습된 욕구만 중요시 생각하고 진정으로 자신이 무엇을 원하고, 무엇을 느끼는지 모르는 사람은 자신의 의도와 행동이 다른 사람을 불편하게 만든다는 상황을 인식하지 못한다. 인식할 수 있는 센스가 없거나 있는데 사용하지 않아서 작동되지 않는 것이다. 그러니 주변과 부조화를 해결하고 조절하는 것은 더욱 힘들게 된다.

자기인식이 잘되지 않으면 타인이 원하는 것을 인식하고 맞춰주는 것도 힘들다. 나는 열심히 노력했는데 오히려 타인을 힘들게 하는 경우가 빈번하게 발생한다. 자기인식이 잘되지 않을 때는 타인이나 환경에 대해 어떻게 해달라고 변화를 요청할 수 없다. 특히 자기인식이 느린 아이들에게 판단이 빠른 어른이 섣불리 다그치거나 잔소리하지 말자. 자신의 욕구, 감정, 가치를 잘 모를 때는 어떤 변화를 추구해야 하는지 모르기 때문에 변화를 추구하거나 변화에 대한 적응이 힘들게 된다. 자기 인식 능력은 개인이 스스로 어떻게 바라보고, 세상을 어떻게 수용하고 상호작용하며, 공감해나갈지를 결정하는 출발점이기 때문에 감성 지능 중에서 가장 중요한 부분이라고 할 수 있다. 인간은 어쩔 수 없이 자신의 존재를 중심으로 연결되고 확장해나갈 수밖에 없는 존재다.

## ● 감정을 구분해보자

아주 어린 영아의 경우는 말로 표현하지 못하고 울음이나 표정, 몸짓으로 표현한다. 이때 부모는 "짜증이 나는가보구나" "기분 좋아? 즐거워?" 등으로 감정을 언어로 연결시켜주어야 한다. 표현이 가능한 나이에서는 '좋다' '나쁘다'로 끝나는 것이 아니라 구체적인 감정 단어를 물어 보고 알려주자. 사람들의 표정을 보고 어떤 감정인지 구분하고 말하는 연습도 필요하다.

## ● 감정을 인식하는 다양한 방법

화날 때, 기쁜 때, 슬플 때 등 아이들이 감정을 느낄 때 몸에는 어떤 감각과 행동들이 일어나는지 물어보거나 알려주자. 감각과 감정을 연결하여 보다 명확하게 인식하기 때문이다. 감정을 표현하기 전에 행동으로 나타났을 때 억울함, 분노, 슬픔, 안타까움 등 행동과 감정을 연결시켜 알려주자. 부모가 어떤 행동을 할 때 어떤 감정이었다고 고백하듯이 말해주는 것도 아이들의 자기 인식 능력을 키우는 데 도움이 된다.

## ● 편안한 분위기에서 표현

자기 인식 능력이 부족한 아이들은 자신의 감정을 느끼고 표현하는데 억압받거나 강요받은 경우가 많다. 아이들이 잘못 한 경우라도 일단 감정은 인정해 주어야 한다. 어떤 상황에서 어떤 감정인지 이해하지만 행동은 이렇게 해야 한다고 알려주는 식이다. 감정을 상대로 야단치기보다는 행동을 야단쳐야 한다.

## ● 감정과 함께 동반되는 감각을 알 수 있도록 질문

"현우가 기분이 좋다는 것을 엄마는 어떻게 알 수 있을까?"처럼 어떤 상황에 대해 "기분은 어땠어?"라고 묻고 "넌 그것을 어떻게 알 수 있어?"와 같은 질문을 통해 아이들이 자신의 감각과 감정을 탐색하고 확인하는 방법을 익힐 수 있도록 해주자. 자신을 인식하는 뇌 부위가 점점 활성화되어 인식하기 쉽고 명확해진다.

# 정서가 우리를
# 지배한다

| 오른손으로 벌주었으면
| 왼손으로 껴안아주어라

조기교육과 영재교육 열풍으로 아이들의 지적 능력을 키우는데 집중하다보면 정서적 안정감을 돌보는 데는 덜 신경 쓰기 마련이다. 경쟁과 비교가 심한 한국의 경우 경쟁에서 밀리지 않기 위해서 아이들을 다그치다 보면 정성적 안정감을 해치기 쉽다. 부모의 욕심이 과한 경우는 아이들이 늘 정서적으로 억압되어 있거나 긴장되어 있는 경우가 많다. 그래서 말을 잘 듣는 아이도 갑자기 문제행동을 보이거나 성적이 떨어졌다고 자살하는 비극도 발생한다. 우리의 뇌는 정서적으로

불안한 경우에 합리적 결정이나 사고력, 판단력이 떨어져 부모가 원하는 학습적 성과도 달성할 수 없다. 빈곤가정의 경우 아이들의 문제행동이 많고 인지적으로 부족한 면을 많이 보이는 것도 정서적 안정감을 원인으로 찾는 연구도 많다.

인간에게 정서가 사고와 행동에 얼마나 절대적인 영향을 주고 있는지를 이해하지 못하면 눈앞의 경쟁과 부모의 욕심에 휩쓸려 아이의 모든 인생을 망가뜨릴 수 있다. 유대인의 천재교육 원칙에 보면 '오른손으로 벌주었으면 왼손으로 껴안아주어라'는 격언이 있다. 그들의 자녀교육은 어떤 명분을 앞에서도 정성적 안정을 최우선으로 여긴다. 정서의 영향력을 이해하면 어떤 연령대라도 자녀교육의 처음과 끝은 정서관리임을 느낄 수 있다.

아이들은 정서와 충동을 조절하고 이성적 사고를 담당하는 전두엽이 제대로 발달되어 있지 않기 때문에 정서적 안정감을 지원하는 부모의 역할이 보다 중요하다. 영아 때부터 스킨십이 중요하고 유아기와 학령기에 감정의 수용과 표현, 경청과 격려, 칭찬 등으로 정성적 발달과 안정을 지원해야 한다. 특히 감정적인 기복이 심하고 사소한 것도 감정이 먼저 요동치는 뇌의 특성을 가진 사춘기에는 아이들의 정성적으로 안정감을 찾는 것이 우선시되어야한다.

그 어떤 욕심을 가지더라도 정서적 안정 없이는 학습과 발달, 합리적인 판단은 원활하지 않기 때문이다. 인간은 정서적 안정 없이 고차원적 능력의 발휘가 불가능한 뇌 시스템을 가지고 있다. 정서적인 정보가 주어지지 않으면 이성적 인지와 판단은 불가능할 뿐 아니라 정서에 의해 쉽게 왜곡된다. 인간의 이성적 판단은 감정의 정보를 통합하고 조율하면서 가능하다. 그래서 감정이 없으면 이성도 없다는 말이 나온 것은 당연하다. 아이들은 정서적 안정감을 바탕으로 자신이 느끼는 호기심에 몰두고하고 스스로를 발달시켜 나갈 수 있다. 정서의 풍부한 정보 속에서만 무한한 창의성을 누릴 수 있다. 정서가 왜 그렇게 중요한지를 알면 아이들을 어떻게 대하고 상호작용해야 하는지 쉽게 알 수 있다.

## 정서의 영향력은
## 이성의 세 배

우리가 감정에 자유롭지 못한 이유는 뇌에서 그 영향력이 훨씬 크기 때문이다. 뇌에서 정서가 이성에 영향을 줄 수 있는 네트워크가 이성이 정서에 영향을 줄 수 있는 네트워크보다 세 배나 많다는 연구 결과가 있다. 구조적으로 우리는 감정이 우세하도록 만들어져 있다. 그러니 감정에 휩싸여 쉽게 헤어나지 못하는 것은 기본적으로 당연하다. 그리고 이성적으로 인식할 수 있는 정보 보다는 정서가 감지하는 정보의 양이 훨씬 많다. 정확하게 설명할 수 없이 모호하더라도 정서와 감각으로 느끼는 것이 더 정확할 때가 있다. 우리가 인식하지 못해도 정서는 많은 정보를 감지하여 보내면 전두엽에서 통합하고 조절하여 이성적 판단을 하게 된다. 정서적으로 전달되는 정보가 충분하지 못하거나 정서적 정보가 혼란스러우면 이성적으로 판단하는 것은 어려움을 겪을 수밖에 없다. 정서적으로 전달되는 정보의 네트워크가 많아야 충분한 정보를 바탕으로 합리적인 판단이 가능한 것이다.

그런데 정서적 정보가 많은 탓에 감정에 휩싸이고 이를 구분하지 못하면 전두엽이 기능을 하지 못한다. 감정에 휩싸여 있을 때 판단력이 흐려지고 행동이 조절되지 않는 이유가 여기에 있다. 우리가 알아야 하는 것은 감정의 영향력이 큰 것은 당연하며 그럴만한 이유를 가지고 있다는 사실이다. 다만 정서적으로 불안할 때는 감정에만 휩싸여 이성의 뇌인 전두엽이 활성화되지 못한다는 것이다. 정서적으로 안정되면 풍부한 감정의 정보를 통해 전두엽의 판단과 조절, 창조성이 제대로 발휘될 수 있다.

## 불타는 집을 봐도
## 반응을 전혀 드러내지 않는 사람

감정에 휘둘린다고 감정을 억누르고 없애버리면 이성적 판단을 잘

할 수 있을까? 감정적 정보가 주어지지 않으면 합리적이고 이성적 판단은 불가능하고 생존에 대한 대비도 힘들다. 여기에 두 가지 이야기가 있다. 아주 유명한 사례가 있는데 뇌종양에 걸려 뇌의 일부를 제거하는 수술을 한 유능한 엘리엇이란 사업가가 있었다. 이 사람의 수술은 성공적이었고 기억과 인지에도 문제가 없었다.

그러나 엘리엇은 불타는 집, 물에 빠져 허우적대는 사람, 지진으로 폐허가 된 처참한 사진을 보고도 전혀 정서적 반응을 보이지 않았다. 뭔가를 인식하는데 문제가 없었지만 사소하고 상식적 판단조차 결정을 내리지 못하더라는 것이다. 그는 산만했고 생각과 판단의 일관성도 떨어져 직장생활과 결혼생활도 이어갈 수 없었다. 그 원인을 연구한 결과 수술을 하면서 감정적 정보가 전달되는 연결 부위가 함께 제거되었던 것이다. 감정을 느낄 수 없다면 합리적이고 이성적인 판단을 할 수 있다는 기대와 다르게 상식수준의 판단도 못하더라는 것이다. 우리가 현명한 판단을 통해 일상을 정상적으로 살아갈 수 있는 이유는 감성적 정보와 적절하게 커뮤니케이션 하고 있기 때문이다.

또 다른 사례가 있다. 쥐나 원숭이에게 감정을 담당하는 편도체를 제거하는 수술을 한 실험이다. 기본적인 활동은 정상적이었다. 문제는 전혀 겁이 없어진 것이다. 실험 원숭이들이 평소 먹이를 향해 가는 시간은 5초라고 한다. 그런데 먹이 옆에 고무 뱀 장난감을 두면 40초간

멈췄다가 안전이 확인되면 달려간다고 한다. 하지만 편도체가 제거된 원숭이는 위험을 느끼지 못하고 먹이를 향해 직행하더라는 것이다. 쥐에 대한 실험에서는 옆에 뱀이 있어도 전혀 위험을 느끼지 못하고 행동을 한다. 고양이의 귀를 물어뜯는 경우도 있었다. 다른 동물의 실험에서도 서열이 무시되어 행동하더라는 것이다. 이렇게 되면 자연 상태에서 생존은 보장할 수 없을 것이다.

정상적인 사람도 편도체가 제거되거나 손상을 입게 되면 적절한 의사결정을 내릴 수 없다. 상식적인 수준의 판단도 하지 못하며 일상적인 생활조차 힘들어진다. 생존뿐만 아니라 기억과 학습, 판단에도 감정의 인식과 조절은 매우 중요하다. 이성적 판단에는 감정이 꼭 필요하지만, 불안정하고 폭발적인 감정만으로는 아무 쓸모가 없다. 인간은 물 없이 살 수 없지만 홍수가 나면 오히려 큰 피해를 입는 것과 같다.


## 신중한 판단에는 감정도 함께한다


이성의 빛남은 감성과의 조화를 통해서 이루어진다. 안정적인 감정 속에서만 이성이 빛날 수 있다. 우리가 애매한 상황 속에서 의사결정을 내려야 할 때 뇌는 신중한 판단을 하는 뇌 부위와 감정을 담당하는 뇌 부위가 함께 활성화된다. 정말 어려운 결단을 내려야할 때는 엄청난 양의 감정적 소모가 일어난다. 그것을 혼란스런 소음으로 생각할지 또는 결정을 위한 중요한 정보원천으로 생각할지는 상황과 사람마다 다르다. 중요한 것은 감정적 정보가 없이는 판단은 더 어려워지거나 불가능하다는 것이다.

어려운 결정에 감정이 함께 활성화되는 이유는 현명한 판단을 위해서 꼭 필요한 것이다. 감정적으로 안정되지 못하면 이런 복잡하게 활성화된 상황에 짓눌리게 된다. 우리가 매순간 적절한 판단을 하며 정상적으로 살아갈 수 있는 것은 활성화되는 감정 속에서 유의미한 것을 잘 포착하며 이성적으로 조절되고 있기 때문이다. 아이들이 자신의 감정을 느끼고 확인하도록 해야 한다. 자신의 감정을 언어로 표현하도록 해야 한다. 그래야 감정을 활용할 수 있는 아이로 성장할 수 있다. 안정적인 감정은 아이들의 이성을 더욱 빛나게 만든다. 조절력, 자제력, 창의성이 꽃피게 된다. 사실 이것은 아이들의 뇌에만 통용되는 것은 아니다.


## 가장 강력한 기억, 정서기억


우리의 일반적인 기억을 서술기억이라고 한다. 그리고 이보다 더 오래 기억되고 자연스럽게 행하도록 하는 습관과 같은 기억을 절차기억이라고 한다. 그런데 제일 강력하게 오래 기억되어 잘 잊히지 않고 일상을 지배하는 기억은 정서기억이다. 엄청난 충격과 함께 기억된 정서기억은 감정을 담당하는 편도체에 저장되고 중요한 순간에 회상된다. 그래서 과거에 정서적으로 기억된 혹독한 기억이나 트라우마는 삶의 전 영역에 걸쳐 가장 질기게 사람을 괴롭힌다. 그런데 편도체에 저장된 기억은 시간과 공간을 구분하지 못한다. 시간이 많이 지나고 모든 것이 변했음에도 과거의 아픈 기억은 지금 발생한 것과 똑같이 회상되고 느껴질 수 있다. 아픈 기억뿐만 아니라 좋은 기억도 마찬가지다. 이렇게 감정을 통한 정서는 우리의 일상을 지배하며 우리를 웃고 울게 만들 수 있다.

감정은 반드시 몸으로 나타난다. 우리가 어떤 감정을 느낄 때 얼굴과 피부, 심장박동, 혈압 등 모든 곳으로 나타난다. 그만큼 중요한 것이나. 그런데 이런 감정이 그 의미를 다하지 못했을 때는 과장되어 폭발하거나 몸에 오랫동안 남아 몸과 정신을 황폐하게 만든다. 흐르지 않는 강은 고이고 썩어서 전체를 파괴하는 것과 같다. 결국에는 몸 전체를 교란시킨다. 감정을 알아주는 것만으로도 쉽게 흐를 수 있는데 이를 몸속에 묻어 두고 흐르지 못하게 하면 그런 감정은 쌓이고 쌓여 크게 팽창되어 결국 폭발하게 된다. 폭발하기 전까지 아무 일 없다는 듯이 묻혀 있을 뿐이다.

감정은 그 자체로 인간의 욕구를 반영하는 수단이다. 하지만 인간은 감정을 통해 욕구와 자신의 존재를 느끼고 표현하는 시스템을 가지고 있다. 감정을 느낄 때 우리는 존재성을 강하게 느끼지만 감정을 억압당할 때 우리의 존재는 폭발하는 것이다. 자신을 욕구를 온전히 다양하게 표현하는데 미숙한 아이들은 감정이 쌓이거나 그대로 폭발하는 경향이 많다. 감각과 감정은 느끼는데 스스로 그것을 인식하기 힘들다. 그래서 쉽게 행동으로 폭발하게 된다. 속에서 감정적 흔적들과 싸우고 있는 아이들이 부모가 바라는 것을 듣고 잘 따라주기는 참 힘든 상황이다.

## 의식하지 못하는 사이에 우리를 지배하는 감정

신경과학자 조셉 르두Joseph LeDoux는 정서가 신피질을 거치지 않고 편도핵으로 직접 통하는 다른 신경회로가 있다는 것을 최초로 규명한 사람이다. 간단히 말하면 우리가 인식하지 못하는 정서적 기억이 존재한다는 것이다. 우리의 의식이 인식하지 못해도 감정적 반응은 일어날 수 있다. 어렴풋이 뭔가를 느끼는 것 같은데 구체적으로 설명하지 못하는 것, 뭔가에 영향을 받고 있는데 인식하기 힘든 느낌들이 있다. 우리는 의식하지 못하지만 우리의 판단은 이미 정서의 영향권에서 일어나게 된다. 뭔가 있는데 알 수 없는 상황이 가능하다는 의미다.

우리가 혼란스럽고 스트레스를 받을 때는 의식하지 못하는 것이 많다. 의식적으로 인식하지 못하는 감정과 기억에 영향을 받고 있는 자신을 생각해 보자. 그러지 않아야 한다고 생각하지만 폭발해버리는 말과 행동은 인식하지 못한 감정의 반응들일 수 있다. 감정을 인식하고 조절하는 뇌의 수직적 구조감각-감정-인식과 조절의 뇌 구조가 정착된 어른들도 그런데 아이들은 인식하지 못하는 감정에 휘둘리기 훨씬 쉽다. 이런 사실을 알면 평소 자신의 감정을 읽고 그 감정을 소통하는 것이 참 중요하다. 그래야 그 모호함에서 벗어날 수 있다. 의식하지 못하는 감정에 휩싸여 살면서 안정적이고 효과적인 인지학습은 기대하기 힘들다. 정서적 안정은 자신의 감정을 느끼고 감정의 의미를 아는데서 시작한다. 그래야 불필요한 감정을 무시할 수도 있고 활용할 수도 있으며 자신이 원하는 것에 집중할 수 있다. 사실 부모의 정서적 안정감은 아이들에게 그대로 전달된다. 그럴 수밖에 없다. 아이들에게 정서적 안정을 주기위해서는 부모의 정성적 안정이 먼저 이루어져야 한다.

여러 가지 증거로 살펴보았지만 우리의 뇌는 정서를 항상 응급으로 처리한다. 정서적 안정이나 도움 없이는 우리는 학습적 능력이나 고차원적 판단도 어렵고 일상의 낭비가 많아지기 마련이다. 정서적 안정이란 자신의 정서를 느끼고 이해하고 표현하고 활용한다는 것을 의미한다. 자신의 감정을 읽고 표현하는 능력이 무엇보다 우선되어 한다. 개인적으로 학습이전에 부모와 환경이 주는 정서적 안정 속에서 주의력과 감정훈련이 먼저 필요하다. 그러면 이어진 줄처럼 학습의 성과는 술술 쉽게 풀릴 것이다.

정서적으로 불안하고 스트레스를 받아 막혀 있으면서 학습적 욕심을 낸다는 것은 문제를 풀려고 그 큰 문제를 만드는 셈이다. 뇌 과학의 발달로 인간에게 감정의 중요성이 새롭게 증명되고 있고 다양성과 창의성을 강조하는 시대 변화 탓에 감성 지능이 새롭게 조명되고 있다. 미래의 인재는 자신의 감정을 인식하고 해석하고 표현하고 활용할 줄 아는 아이들이 만들어 갈 것이다. 이런 능력이 이성적 판단을 풍부하게 할 뿐만 아니라 감정과 충동의 조절 능력과 자기 동기 부여 능력, 공감 능력, 사회적 능력으로 확장되기 때문이다. 어떤 학습이 먼저인지는 쉽게 알 수 있을 것이다.

해법은 간단하다. 자신의 감정을 느끼고 표현하도록 해서 인정하고 수용하는 뇌로 만들어 주는 것이다. 이는 곧 감정의 정보를 받아 감정을 활용하고 조절하는 전두엽의 발달을 자연스럽게 촉진하는 것이다. 자신의 감정에 함몰되는 것이 아니라 거리를 두고 바라볼 수 있도록 아이들의 감정을 들어주고 물어보고 표현할 수 있는 시간과 언어를 배려하는 것이다. 사실 뇌가 한창 발달하는 아이들에게 더 중요하게 인식되지만 어른들의 세계도 다를 바 없는 원칙이다.

### ● 정서적 안정감은 부모와의 애착과 접촉에서 시작된다

아이들을 안아주고 쓰다듬어 주고 스킨십을 통한 놀이는 아이들이 쉽게 정서적 안정감을 느끼도록 만들어 준다. 눈을 맞추고 부모 특유의 억양으로 대화를 나누고, 접촉을 통해 온기를 나누는 상호작용은 정서적 안정감을 만드는 가장 기본적인 연결고리가 된다. 접촉하며 잘 놀아주고 수다스러운 부모가 아이들과의 애착이 높다.

### ● 크게 소리치는 것은 정서적 안정감을 흡수해버린다

어른들이 생각하는 것보다 큰 소리로 소리치며 야단치는 것은 아이들에게 훨씬 큰 자극이다. 뇌에서 큰 종소리가 장악하고 있는데 그 소리를 피해서 부모가 원하는 행동을 생각하기는 불가능하다. 야단치고 교정할 행동을 말했는데 하나도 달라진 것이 없는 것은 당연할 수 있다. 소리치고 야단치기 전에 왜 그런 행동을 했는지 물어보고 원하는 것이 무엇인지, 어떤 행동이 잘 못되었는지 말해줘야 한다. 물론 상황을 모두 판단하고 감정이 먼저 올라오는 부모에게 쉽지 않지만 부모가 감정적 안정감을 갖지 못한 상황에서 아이들의 안정성을 만들어 내는 것은 무척 힘들다.

## ● 집중할 수 있는 작업과 놀이의 유용성

집중은 조절하는 뇌를 키우는 과정이다. 어릴수록 감각적 상호작용을 통해 아이들의 집중력을 높이면서 정서적 안정감을 길들일 수 있다. 아이들과 함께 하는 운동, 음악, 미술, 음식 만들기나 아이들 수준에 맞는 반려동물을 키우면서 감각적 상호작용과 관찰하는 일은 자연스럽게 정서 조절 능력을 높일 수 있다.

## ● 잔소리 듣는 아이, 믿음과 지지를 받는 아이

부모의 기준과 욕심에 다그치기 보다는 아이들의 편에서 이야기를 들어주고 아이들의 결정을 격려해 줄 때 역경이나 외부환경에 적응하는 능력이 높아진다. 이런 조절과정을 통해 아이들은 자신에게 맞는 안정성을 만들어 나간다. 부모가 이해해 주고 있다는 확신이 아이들의 스트레스 대응 능력을 높인다.

## ● 부모의 개입은 신중히

부모와의 관계가 좋은 아이도 항상 좋을 수는 없다. 일상에서 스스로 감당하고 풀어야 하는 문제들과 부딪히기 때문이다. 아이들이 맞이하는 작은 문제를 부모가 모두 해결해 주게 되면 스스로 해결하는 방법을 익힐 기회가 없어진다. 문제를 해결하면서 뇌가 활성화되고 균형의 길을 찾는다. 스트레스가 아니면 부모가 이런 기회를 빼앗으면 안 된다. 자신의 방법이 없는 아이들이 다시 문제를 만나면 더 큰 불안을 느낀다. 아이들의 불편한 마음을 공감해 주고 해결책을 찾을 때까지 기다려 주자. 도움을 요청할 때 도와주더라도 끝마무리는 아이들이 할 수 있도록 하거나 목표를 가지고 시작할 수 있도록 도전을 용이하도록 약간의 도움을 주는 등 부모의 개입을 조절할 필요가 있다. 스스로 작고 큰 문제를 해결하는 능력이 아이들의 회복력과 정서적 안정성을 지켜낸다.

2장

머릿속에서
일어나는 빅뱅

# 주의력이
# 학업성취도를 결정한다

## 하지 않는 것이 아니라
## 할 수 없는 것

　아이들이 성장하면서 나타내는 상당히 많은 문제들이 주의력과 관련 있다. 예를 들어 알려준 일을 쉽게 잊어버린 것, 같은 실수를 반복하거나 충동적이고 산만해서 한 가지 일을 끝내지 못하거나 규칙을 잘 지키지 않는 것 등이다. 부모를 애먹게 만드는 이런 행동들은 주의력이 발달하지 못한 어린 아이들에게는 자연스럽게 일어나는 현상이다. 아이들의 인성이나 능력에 문제가 있는 것이 아니라 주의를 조절하는 능력이 발달하지 않아 일어나는 현상인 것이다. 하지 않는 것이 아니라 하려고 해도 못하는 경우가 많다.

주의력은 의도한 곳으로 주의를 전환하고, 집중하고, 유지하는 능력과 잡음에 주의를 빼앗기지 않는 등 조절능력을 말하는데 이런 것이 뜻대로 되지 않으면 문제아처럼 말썽쟁이가 된다. 아이들이 성장하고 어른이 되어도 주의조절력이 떨어지면 정서적 불안, 잦은 실수, 노력에 비해 낮은 성과, 대화의 문제가 발생하기도 한다.

## 열쇠는 주의력 향상에 있다

반대로 주의력이 좋은 아이들은 정서적으로 안정되어 있고 규칙을 잘 지키며 말을 잘 알아듣는다. 물론 집중력이 좋아 한 가지 일을 끈기 있게 끝내고 경청을 잘해서 소통도 잘된다. 일의 순서를 잘 기억하고 조절해서 효율적으로 일하고 논다. 인성이 좋고 말 잘 듣는 아이처럼 보이지만 주의를 조절하는데 저항감이나 문제가 없기 때문에 자연스럽게 일어나는 현상들이다. 특별한 장애가 있지 않고서는 아이들의 주의력을 향상시키면 문제 행동이 개선되거나 사라진다. 어른이 되어도 주의력이 발달하지 못하면 아이와 같은 문제 행동을 유지할 수도 있다. 그러니 주의력에 대한 관심과 투자는 자녀교육에서 가장 우선시 되어야 할 부분이다.

## 눈으로는 보았지만
## 뇌로는 보지 못한 일

　우리는 주의를 집중하라는 말은 많이 하지만 주의attention가 사람에게 얼마나 중요한지는 잘 실감하지 못하는 것 같다. 주의가 가지 않으면 사람에게 기억이란 것은 존재하지 않는다. 우리가 뭔가를 기억한다는 것은 기억하고 있는 것에 주의를 가져갔기 때문이다. 우리 눈앞에서 펼쳐지고 감각이 지각한 것이라도 주의가 할당되지 않은 것은 인식하지도 못하고 기억하지도 못한다. 분명히 감각 기관이 보고 듣고 경험했다 하더라도 인식하거나 기억하지 못하는 일이 벌어진다는 말이다.

　결국 사람의 의식은 주의가 만들어내는 결과물이다. 그런데 우리의 주의는 지극히 한정되어 있다. 한정된 주의를 한곳에 집중해도 여러 장애와 한계 때문에 정확하게 인식하는 것이 쉽지 않은데 외부의 강한 자극에 반응하느라 주의를 분산시키고 소진해버리면 정서, 신체, 학습을 원하는 대로 할 수 없다. 이럴 때부터 자신의 주의를 인식하고 조절할 수 있는 능력은 긍정적인 성장과 발달을 보장할 수 있는 가장 큰 재산이라고 할 수 있다.

열심히 하는데 결과가 없고 뭔가를 끈기 있게 지속하지 못하거나 빨리 지쳐버리는 것은 자신의 주의를 조절하는 것이 힘들기 때문이다. 주의는 내버려두면 주변의 강한 자극에 의해 자유롭게 떠돌아다니며 소진된다. 그러나 의도를 가지고 그 의도에 맞게 한정된 주의를 조절하면 돋보기에 초점을 맞추듯 집중하여 활용할 수 있다. 주의를 집중하고 조절하는 것은 전두엽이 하는 일이다. 전두엽이 발달되어야 주의 조절이 가능하지만, 반대로 의도를 가지고 주의를 집중하고 조절해야 전두엽도 발달하게 된다.

주의 조절이 너무 힘들고 자극에 주의를 쉽게 빼앗겨버리는 아이와 주의 조절이 잘 되는 아이들의 뇌는 다를 수밖에 없다. 많은 연구에서 주의를 집중하면 긍정적 정서가 유발된다는 것을 증명하고 있다. 주의를 집중하려고 몰입할 때 활력, 쾌감, 만족과 행복감을 유발하는 호르몬의 분비가 촉진되기 때문이다. 또 충동 조절이나 감정 조절도 주의를 조절하는 능력에서 비롯된다. 자신의 주의를 집중하고 조절하기 힘든 뇌를 가진 아이들은 충동과 감정, 주변의 반응에 시달리며 스트레스와 싸워야 한다. 아이들에게 주의력은 마음의 코어 근육인 셈이다. 그래서 아이들의 주의력을 키워주는 것이 어떤 재산을 상속하는 것보다 우선되는 일이다. 전두엽이 완전히 발달되지 않은 아이들에게는 주의를 조절하는 것이 일반적으로 쉽지 않지만 재산이라는 측면에서 주의에 대해 좀 더 알아야 할 필요가 있다.

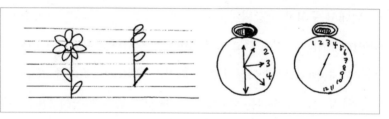

**편측무시 환자의 상태**
편측무시 환자에게 사물을 보고 그림을 그리라고 하면 절반만 묘사하는 것을 확인할 수 있다.

# 세상을 절반만
# 인지하는 사람

우리의 감각은 한계가 있다. 그래서 주의의 조절이 더욱 중요하다. 어떤 사람들은 정물화를 그려보라고 하면 정상적인 사물을 보고서도 왼쪽은 전혀 보지 못한 것처럼 오른쪽만 그린다. 이들에게 왼쪽의 세상은 존재하지만 인식하지 못하는 세상이다. 눈의 시각적 감각 기관에 아무 이상이 없다고 하더라도 뇌가 손상되어 주의가 제대로 전환되거나 할당되지 못해서 생긴 문제다. 눈을 통해 시각 정보가 뇌로 들어오면 그것을 바로 인식하는 것은 아니다. 뇌로 들어온 시각 정보에 주의를 할당하고 분석해서 인식하게 되는데 뇌 속에서 주의가 할당되지 않아 들어온 시각 정보를 인식하지 못하는 것이다. 이런 환자들을 편측무시, 무시증후군이라 부른다.

뇌에서 주의가 할당되지 못하면 의식적으로 인식되는 것이 없다. 자연히 기억되는 것도 없고 이를 기반으로 생각하고 판단하는 것도 불가능하게 된다. 뇌에 이상이 있는 환자가 아니라도 주의를 집중하고 조절하지 못하면 주의를 할당하지 못한 것과 같은 현상이 벌어질 수 있다. 보고도 보지 못했다고 우길지 모른다.

주의를 집중하지 않은 곳에서 일어나는 일은 두 눈을 뜨고도 알아차리지 못한다. '고릴라 실험'이라고 불리는 유명한 실험이 있다. 인터넷에 실험 이름을 검색하면 영상을 볼 수 있는데, 그 내용은 다음과 같다. 흰색 옷을 입은 여자 세 명과 검은색 옷을 입은 여자 세 명이 등장한다. 그리고 같은 색 옷을 입은 사람끼리 공을 주고받는다. 이 영상을 사람들에게 보여주며 '흰 옷을 입은 여자들이 공을 몇 번 패스하는지 세어보라'고 한다. 그럼 사람들은 흰 옷 입은 여자들의 움직임에 주의를 집중한다. 그런데 영상 중반쯤에 고릴라 복장을 한 사람이 화면 중간을 지나간다. 그리고 뒤의 커튼 색이 변하고 검은 옷을 입은 여자 한 명이 나가버린다. 하지만 이 영상을 보고 있는 사람의 절반 이상은 이런 변화를 전혀 눈치 채지 못한다. 두 눈을 멀쩡히 뜨고 있으면서 존재하는 것을 보지 못하는 것이다. 사람은 주의가 할당되지 못한 것은 보고도 인식하지 못한다. 의도한 것만 본다는 이야기다. 우리는 정상이라고 하더라도 주변의 정보를 모두 인식할 수 있을 정도로 충분한 주의를 가지고 있지 못하다. 그래서 우리는 선택적으로 인지하며 살고 있다.

# 집중도
## 훈련이 필요하다

사람들이 정보를 인식하고 그것을 뇌에 기억시키고 이런 기억을 기반으로 생각이란 의식적 행위를 한다. 이것은 모두 주의에 의해 이루어지고 있다. 그래서 주의를 필요에 맞게 집중하는 힘인 주의력은 무척이나 중요하다. 주의에는 몇 가지 원칙이 관련되어 있는데, 다음과 같다.

① 우리의 주의는 한정되어 있다.
② 주의가 성립하지 않으면 기억도 없고 의식도 존재하지 않는다.
③ 주의는 의도에 의해 관리되지 않으면 반응적이고 습관적이다. <sub>반</sub>
    자동이다.
④ 주의를 조절한다는 것은 필요한 것에 집중하는 것과 불필요한
    주의를 제거하는 능력이 필요하다.

이런 특징들 때문에 주의는 훈련에 의해 관리되지 않으면 주변의 자극에 쉽게 반응적으로 움직여 목표한 일을 제대로 할 수 없게 된다.

2장 머릿속에서 일어나는 빅뱅

# 주의를 빼앗기는
# 순간

우리가 한정된 주의로 살아가기 때문에 어떤 의도에 맞춰서 주의를 조절하는 능력은 매우 중요하다. 그렇지 않으면 한정된 주의가 주변의 강한 자극에 단순히 반응하느라 모두 소진되어버리고 의도한 일을 제대로 수행할 수 없다. '무엇을 어떻게 해야지' 하는 의도가 없으면 기존의 습관대로 주의가 작동하게 된다. 즉 주변의 자극에 반응하는 주의로 길들여지게 된다. 그리고 이런 반응하는 주의의 패턴을 벗어나기는 무척 힘들어진다.

평소 의도에 맞게 자신의 주의를 집중하고 조절하는 능력이 그래서 중요하다. 무엇을 어떻게 하려는 목표와 계획을 세우고 그 목표를 달성하기 위해서 주의를 조절할 수 있어야 한다. 의도하지 않은 것에 주의가 분산되어 흔들리지 않도록 불필요한 자극을 무시하는 능력도 키워야 한다. 이 모든 것이 뇌의 발달, 특히 전두엽의 발달과 관련이 있다고 앞서 설명했다. 전두엽이 발달하지 못한 아이들이 주의가 산만한 것은 어쩌면 당연한 일이다. 그런데 어릴 때부터 강한 자극의 스마트기기에 아이들을 내버려두는 것은 주의를 상당히 반응적으로 움직이도록 방치하는 일이다. 사소한 것 같지만 엄청나게 무서운 일이고 아이들의 삶을 어렵게 만든다고 볼 수 있다.

# 성공은
# 어디에서 오는가

그 유명한 '마시멜로 실험'은 만족을 지연시킬 수 있는 능력을 가진 아이들이 성장해서 더 유능하고 경제적으로 윤택하고 만족스러운 삶을 살고 있음을 설명해주고 있다. 유치원생 나이의 아이들 앞에 마시멜로를 두고 선생님이 올 때까지 먹지 않고 기다리면 마시멜로를 하나 더 주겠다는 조건이다.

여기서 맛있는 마시멜로를 먹는 '만족'을 지연시켜서 더 큰 만족을 달성했던 아이들은 나름의 전략이 있었다. 바로 자신의 주의를 조절하는 전략이다. 마시멜로 실험을 더 상세히 조사했더니 '만족 지연'에 성공한 아이들은 다양한 방법으로 주의 조절 전략을 실행하고 있었다. 눈앞의 마시멜로에서 주의를 돌리기 위해 다른 곳을 쳐다보거나, 다른 즐거운 것을 상상하거나, 선생님이 돌아왔을 때 상으로 마시멜로를 하나 더 받은 모습을 떠올리거나, 눈앞의 마시멜로가 먹기 싫은 것으로 변한 상상을 했다는 것이다.

어린 아이들도 '인지적 재평가'라는 것을 활용하고 있었다. 자신의 주의를 조절할 줄 아는 아이들은 의도한 목적의 달성을 위해서 자신의 주의를 고의로 분산시키거나 인지적으로 재평가하는 등 능숙한 주의 조절 능력을 활용했다는 것이다. 만족을 지연할 수 있는 것은 자신의 주의를 의도에 맞게 분산하거나 집중하여 주의를 보다 효율적으로 활용한 결과라고 볼 수 있다. 아이들 자신이 결정했거나 원하는 목적을 달성하기 위해서 주의를 조절할 때는 보호하고 기다려주어야 한다. 그리고 그런 기회를 많이 제공해줘야 한다. 이런 조절 능력이 성인이 되었을 때 건강, 경제적인 부, 삶의 만족을 결정짓는 기준이 된다는 것이 후속 연구에서 밝혀졌다.

## 감각과 주의를
## 일치시키다

실험 결과를 보면 우리의 주의와 감각이 일치할 때 그것을 인식하는 시간도 빠르고 정확도도 높았다. 즉, 보겠다는 의도를 가지고 목표에 주의를 집중하면서 시각적 감각 등이 목표와 일치할 때 보다 효과적인 인지가 가능하다. 실수를 반복하거나 원하는 대로 잘 되지 않는 아이들은 주의와 감각이 일치하지 않는 습관을 가지고 있는 경우가 많다. 아이들이 원하지 않는 일을 강제로 할 때 주의와 감각이 일치하지 않는 경우가 많다. 시키는 일을 하면서도 주의는 딴전을 피우거나 다른 것을 상상하게 된다. 또는 아이들이 원하는 일을 하고 있는데 다른 일이나 놀이를 시킬 때 감각과 주의가 일치하지 않는 '잘못된 주의의 활용'이 습관화된다.

아이들은 일명 멀티태스킹을 잘하지 못한다. 그런데 여러 개의 학원을 다니며 두 가지 이상의 일을 동시에 주입시키면 뇌에 부담만 주고 집중력에 방해될 뿐 아니라 뇌를 효과적으로 사용할 기회를 잃어버릴 수 있다. 정교하게 다듬어야 할 주의력인데 자신의 몸과 감각 기관이 있는 장소와 달리 주의는 딴 생각이나 걱정, 상상 등으로 분리시키는 패턴 속에 어려움을 겪고 있다. 아이들이 자신의 감각이나 감정에 집중하고 이를 알아차리는 것이 중요한데 이를 방해하는 것이 부모일 때가 많다. 놀이든 학습이든 아이들이 자신의 주의와 감각을 일치시켜 집중하거나 조절하고 있을 때 개입하거나 방해하지 않는 것이 중요하다.

## 학습의 꽃, 메타인지능력

우리의 주의가 잘 조절될 때 메타인지능력도 커진다. 공부를 하면서도 내가 무엇을 알고 모르고를 파악할 수 있는 능력을 메타인지능력이라고 한다. 공부를 잘하고 못하는 것은 아이큐나 공부하는 시간이 아니라 메타인지능력에 따라 달라진다고 해서 크게 이슈가 된 적이 있다. 메타인지능력이 잘 발달한 사람은 계획과 목표에 맞춰 자신이 제대로 하고 있는지를 평가하거나 보완하면서 목표를 효과적이면서 효율적으로 달성할 수 있는 학습 전략을 만들어갈 수 있다. 모두 뇌를 효과적으로 활용하는 전략인데 여기에는 기본적으로 주의를 집중과 조절하는 능력이 갖추어져 있어야 한다.

메타인지능력을 확인하거나 발달시키는 방법은 바로 '설명'하는 것이다. 기본적으로 주의를 집중하고 조절할 수 있을 때 관찰하거나 학습한 것을 설명할 수 있다. 설명하기 위해서는 관찰이나 학습하는 목표에 주의를 집중하고 주변의 큰 자극에 주의를 빼앗기지 않고 정보를 받아들여야 한다. 그리고 그 정보를 기존에 기억된 것과 연결하여 전체적으로 파악하고 재인식할 수 있어야 한다. 주의를 집중하고 조절하는 능력이나 메타인지능력을 개발하는 방법은 기본적으로 같다. 의도나 목표를 가지고 관찰하고 학습하고 설명하는 것이다.

어떤 일을 진행하기 위해서 정보를 기억하고 관리하는 능력, 작업을 수행하기 위해서 시뮬레이션할 수 있는 능력을 작업기억working memory이라고 한다. 많은 연구에서 학업성취도를 짐작하는 데 작업기억이 아이큐보다 훨씬 중요한 예측 지표라고 밝히고 있다. 이런 작업기억도 주의력에 바탕을 둔다. 뇌의 균형과 발달 그리고 학습능력, 효율적인 학습, 메타인지능력, 작업기억의 향상은 모두 주의력에서 시작된다. 그래서 아이들의 성장과 발달의 가장 큰 재산이 주의력이라고 주장하는 것이다.

# 산만한 아이,
# ADHD를 의심해야 할까

　이 글은 주의력의 중요성을 이야기 하는 것이지 주의력결핍 과잉행동장애ADHD, Attention Deficit Hyperactivity Disorder를 겪고 있는 아이들의 치료를 위한 것은 아니다. 아이들은 한곳에 집중하는 시간이 당연히 짧고 주의를 조절하는 능력이 떨어진다. 하지만 한시도 가만히 있지 못하거나 주변의 사소한 자극에 주의가 빼앗겼다 되돌아오지 못해서 하던 일을 마무리 하지 못하거나 여러 사람이 함께 하는 일의 진행을 과도하게 방해해서 일상의 문제가 지속적으로 반복될 때는 정확한 진단을 받아 대응하는 것이 바람직하다.

　다만 호기심이 많은 아이들의 당연한 반응을 부모의 의도나 불안으로 성급하게 문제 행동으로 보는 것은 경계해야 한다. 적극적인 치료를 받아야 하는 경우가 아니라면 아이들과 함께 의도와 계획을 만들고 주의를 집중하고 조절하는 훈련을 함께 하면 나아진다. 아이들이 원하고 좋아하는 것을 찾아 함께 즐기는 과정에서 아이들은 자연스럽게 원하는 것에 집중하고 주변의 소음을 무시하는 능력을 키우게 된다.

　주의력결핍 과잉행동장애는 뇌는 여러 가지 이유로 집중보다는 소음과 같은 주변의 자극을 무시하지 못하는 경우가 더 많다. 이때는 아이들이 원하는 것이라도 주변의 자극을 무시하고 집중하는 것이 힘들다. 부모의 욕심과 의도 때문에 아이들이 자신의 주의를 느끼고 조절할 수 있는 자연스러운 기회를 빼앗지 말자는 것이고 괜히 문제 행동으로 의심하지 말자는 것이다.

## ● 규제만큼 중요한 '즐거운 놀이'

　주의력이 모자란 아이들은 부모가 규제나 잔소리를 많이 하고 함께 놀아주지 않는다는 환경적 특징이 있다. 그리고 아이들이 몰두하고 있을 때 '이렇게 하라' '저렇게 하라'고 방해하는 경우가 많다. 아이들은 호기심이 있고 즐거운 놀이를 하면서 자연스럽게 주의력이 발달하게 되는데 혼자서 하지 못하는 일들이 많다.

　이때 부모들이 옆에서 함께 놀아주면서 놀이나 작업에 빠져들고 새로운 재미를 느끼게 된다. 함께 놀고 상호작용하면서 주의가 분산되는 것을 막고 주의 집중력이 높아지게 된다. 산만하고 주의력이 부족한 아이와 함께 집중적으로 놀아주면 그 변화를 쉽게 확인할 수 있다. 그러려면 아이들의 반응을 잘 관찰하고 즉각적으로 대응해주는 것이 필요하다.

## ● 명확한 목표와 칭찬

주의의 집중과 조절은 명확한 목표가 생길 때 쉽게 이루어진다. 물론 그 목표는 놀이가 되었든 공부 같은 일이 되었든 아이들이 관심을 가지는 것이어야 한다. 블록 쌓기 놀이를 할 때 "오늘은 5층까지 쌓아보면 어떨까?"라거나 "오늘은 방을 3개로 만들어 볼까?"처럼 명확한 목표를 제시하고 중간에 만들어지는 과정을 보며 칭찬해주자. 목표를 의식하면서 주의를 끌고 가고 조절하는 능력을 향상시킬 수 있다. 가끔씩 아이들이 특정 행동이나 놀이를 할 때 아이들의 의도를 물어보면서 감각적으로 느낀 목표를 명확하게 인식하도록 하는 것도 주의를 집중시키는 좋은 방법이다.

## ● 스마트폰, TV 그리고 폭언이 위험한 까닭

주의력은 '점진적'으로 키워가는 것이다. 아이나 어른이나 주의를 집중하고 지속시키는 한계가 다르다. 아이들의 한계를 뛰어넘는 주의력을 요하는 일이나 공부는 주의를 조절할 의도를 파괴한다. 정서적으로 안정되지 않으면 주의를 조절하는 것은 힘들다. 주의를 조절하는 스위치가 켜지지 않는다. 호기심이 넘치고 재미있는 일이나 놀이는 아이들의 한계를 뛰어 넘지 않는 것들이다. 스마트폰, TV, 폭언 등 외부의 강한 자극에 주의가 쉽게 빼앗기거나 단순히 반응하도록 만들면 주의력 활용하고 조절할 기회를 빼앗아버린다. 길러져야 할 주의를 반응적 주의로 만들어버린다.

## ● 계절을 느낄 줄 아는 아이

감각과 감정을 인식하는 것, 보이지 않지만 주변의 변화를 인식하는 것은 높은 주의력을 필요로 한다. 자연의 소리, 동식물의 변화, 계절의 변화, 주변 환경의 변화 등 감각으로 느끼는 변화에 관심을 가지고 관찰하는 능력은 자연스럽게 주의력을 길러내는 좋은 재료가 된다. 아이들의 느낌과 감정을 자주 물어보고 상호작용해주면 주의를 조절하는 능력은 물론 감정을 조절하는 능력도 향상시킬 수 있다. 주의력이 없을 때는 관찰하는 것이 불가능하다. 그래서 관찰하는 것은 그 자체로 주의력을 높이지만 어려운 일이다. 관찰한 결과를 비교하고 상호작용하는 활동을 통해 흥미를 높여줘야 관찰을 통한 주의력 향상이 가능하게 된다.

## ● 필요하다면 놀이에 투자할 수 있다

주의가 집중되면 만족과 쾌감을 느끼도록 되어 있다. 아이나 어른이나 마찬가지다. 아이들이 위험한 외나무다리 난관을 비틀거리며 걸어가기를 즐기는 것도 이런 주의 집중의 쾌감 때문이다. 물이 가득 든 투명한 컵을 들고 5미터 왕복하기 같은 놀이는 단순하지만 유치원을 다니는 아이들이나 초중고 학생들에게도 재미있는 활동이다. 소리굽쇠나 싱잉볼티베트 불교에서 사용하는 도구로, 종처럼 소리가 울려 퍼진다과 같이 길게 소리 나는 물체를 두드려 소리가 사라지는 순간을 알아맞히는 '소리 추적하기'도 주의력을 향상시키는 게임이 될 수 있다. 숨은 그림이나 틀린 그림을 찾고 책을 거꾸로 읽는 등 생활 주변에서 호기심을 느끼며 주의력을 집중시키는 놀이를 찾아보면 방법은 가득하다.

# 보상회로의
# 작동 스위치를 켜라

아이들의 자기 인식 능력을 높이는 것은 자기 조절 능력과 자기 동기부여 능력, 사회성과 같은 능력을 발휘하는 기본이 된다. 자기인식 능력을 높이는 가장 기본적인 방법은 자신의 감각과 감정에 친해지는 것이다. 주의를 타인이나 외부에서 자신의 순수한 감각과 감정에 자주 집중시키는 것이 기본이다. 부정적이든 긍정적이든 있는 그대로 느끼고 명확하게 인식하는 의도적인 활동이 필요하다.

어떤 감정을 느끼면 우리는 좋은 것, 나쁜 것, 바람직한 것 등 판단을 먼저하고 억압하거나 무시하거나 과장해버린다. 부모들은 자신도 모르는 사이에 아이들의 감각과 감정, 욕구와 상관없이 판단하고 강요해서 아이들이 인식할 기회를 빼앗는 경우가 많다. 일단 감정을 인정하고 다른 이의 감정을 관찰하듯이 확인하고 묘사하는 것이다. 수용하고 찬찬히 관찰하는 것이 가장 중요하다. 오래 봐야 사랑스럽다고 했던가. 그 말은 자녀교육에도 동일하게 적용된다.

## 감정을 읽고 자신을 인식하기 위한 활동들

판단하기 전에 감정과 감각을 먼저 느끼는 것은 어른도 어렵다. 어려운 이유는 성장해오면서 항상 판단을 강요받고, 먼저 판단하는 습관이 들었기 때문이다. 하지만 어릴 때부터 자신의 감각이나 감정에 이름 붙이기를 하면 쉽게 편안해지고 인식하기 쉬워진다.

당장 3분 안에 자신이 오늘 사용했던 감정의 단어를 모두 적어보자. 생각보다 쉽지 않다는 것을 알 수 있다. 그래서 판단하기 전에 감정과 감각을 인식하기 위해서는 평소에 이를 표현하는 언어와 익숙하도록 그 수를 늘려놓아야 한다.

감정단어를 쓰다보면 쉽지 않다는 것과 함께 긍정이나 부정으로 치우쳤다는 것도 알게 된다. 또는 감정의 단어들이 빤하게 다른 이들이 사용하거나 사용하도록 강요되어 학습된 것임을 느낄 수도 있다. 감각과 감정을 표현하는 단어 찾기, 이름 붙이기는 좋은 활동이 된다.

감정을 읽지 못하면 조절하거나 활용하지도 못한다. 또한 왜곡되기도 쉽다. 그래서 자신의 감각과 감정을 읽는 연습이 중요하다. 매일 간단하게 감정일기를 적는 것이다. 하루의 순간순간을 떠올리며 감정단어를 적고 그 감정이 어떤 사람 또는 상황과 연결되어 있는지 적어본다. 부모들에게도 필요한 것이니 아이들과 함께 쓰고 공유하면 어떨까. 일기를 직접 쓰기 어려운 아이라면 부모가 대화를 나눈 뒤 아이는 그림을, 부모는 글을 맡아 함께 하나의 일기를 완성할 수도 있다. 점점 감정에 관심을 가지고 이해하면 자신을 인식하는 군더더기와 왜곡도 자연스럽게 확인하게 된다.

감정과 욕구는 최전방의 감각과 연결되어 있다. 놀이 등을 통해 자신의 감각을 인식하는 훈련을 자주하면 자기 인식 능력이 높아진다. 요가나 이완 훈련과 같이 특정한 자세에서 쉽게 인식할 수 없었던 감각과 그 변화에 집중하는 것이다. 어깨를 올려 긴장시키고 풀면서 그 감각의 느낌을 주변 사람과 공유하는 것도 좋은 방법이다. 나무토막 위에 올라서서 균형을 잡으며 몸의 감각을 읽고 조율하는 것도 괜찮다. 여러 사람과 바닥의 작은 종이 위에 올라서는 '신뢰 게임'도 자신의 감각과 주변의 감각을 조율하는 데 효과적인 방법이다. 종처럼 울림이 있는 물체를 손 위에 올려놓거나 가슴으로 안아서 그 떨림을 미세하게 느끼는 것도 좋다. 앞서 소개했듯이 소리굽쇠나 종을 치고 소리가 사라지는 시점에 손을 드는 게임을 가족과 함께 하는 것도 재미있다. 흙이나 모래로 하는 놀이, 암벽 타기와 같이 감각의 조절이 필요한 운동 겸 놀이도 자신의 감각을 인식하는 데 좋은 재료가 될 수 있다.

## 나는 무엇을 할 때 만족스러운가

청소년이나 어른의 경우에는 다양한 진단을 통해 자신의 흥미나 욕구를 찾아볼 수 있지만 아이들의 경우에는 이런 진단이 힘들다. 흥미나 욕구는 감각 및 감정과 직접적으로 연결되어 있다. 아이들의 활력이 높아지고 강한 동기를 일으키는 놀이나 일을 할 때 그것을 충분히 느끼도록 허용해야 한다. 그리고 어떤 활동을 할 때 어떻게 흥미를 느끼는지 물어보고 대화하는 것은 자신의 흥미나 욕구를 정확하게 인식할 수 있는 길을 열어준다.

만족이나 강한 에너지를 느끼는 것은 뇌의 보상 시스템이 활성화되는 것이다. 어떤 놀이나 활동을 할 때 보상 시스템이 작동하는지는 아이들의 경험이 기억하고 있다가 감각이나 감정으로 반응하는 것이다.

자신의 흥미나 욕구를 잘 알고 자신을 만족시킬 수 있는 방법을 아는 것은 이런 경험의 반복을 통해서 만들어진다.

한편 스트레스는 자신이 원하는 것이 잘되지 않을 때 몸의 감각과 감정으로 보이도록 분출된다. 그런데 감각과 감정만 남고 스트레스를 유발하는 욕구를 느끼지 못하면 조절할 수 있는 방법을 찾지 못한다. 그리고 스트레스가 몸의 감각과 감정으로 나타날 때는 인식하지 못하는 감정과 감각이 얽히고 뭉쳐서 나타나기 때문에 아이들은 통제력을 잃어버리게 된다.

평소에 스트레스를 받을 때 느끼는 몸의 증상과 감정을 묻고 묘사하도록 하면 조절력이 높아진다. 감각과 감정을 전두엽이 인식하고 통제함으로써 그 원인을 조절할 수 있는 길을 열어준다. 스트레스 반응에는 원하는 바와 욕구가 내재되어 있다. 그래서 '왜' 그런 스트레스 반응을 일으켰는지 이야기를 들어줘야 한다. 어른도 마찬가지지만 아이들의 경우에는 감정과 감각도 구분 없이 반응적으로 느끼지만 '왜'를 생각하는 것은 거의 불가능하기 때문에 부모나 양육자, 선생님이 그 과정을 도와주는 것이 필요하다. 어른들을 상대로 열리는 심리 프로그램에서도 자신의 감각과 감정을 인식하기 위해서 특정 감정이 일어났을 때 신체 그림을 놓고 반응이 일어나는 곳을 표시하고 표현하도록 한다. 이는 마찬가지로 전두엽의 통제와 조절능력을 키워주는 방법이다.

## ● 부모가 함께하는 '자기 읽기'

아이나 어른이나 자기 자신을 잘 모르는 것은 주의가 모두 외부로 향해 있기 때문이다. 외부의 반응과 정보에 대응하기 바빠서 자신이 느끼는 감각, 감정, 욕구, 가치를 읽을 기회가 없다. 아이들은 부모나 주변 어른 등에 의존하는 경향이 있어서 자기인식이 더욱 어렵다. 그래서 부모가 함께 자기 자신을 읽는 연습을 해줘야 한다. 어린 아이일수록 감각을 인식하도록 하고 자라면서 감정과 욕구, 생각에 대해 읽으면 된다. 예를 들어 손바닥이나 등에 글씨를 쓰거나 그림을 그릴 수도 있고, 부모나 아이의 심장이 어떻게 뛰는지 스스로 살펴볼 수도 있다. 머리를 쓰다듬고 머리카락을 올렸다놓으면서 미세한 느낌을 느끼는 활동도 해보자. 그리고 같은 감각을 반복하면서 이전의 느낌과 차이를 확인하며 놀고 이야기할 수 있다. 처음에는 쉽게 확인되는 감각으로 시작해 점점 미세한 감각으로 바꾸고 차이를 인식할 수 있는 '감각 중심의 자기 읽기'는 주의를 자기중심으로 바꾸도록 한다.

## ● 자기이해 지능 높이기

성공한 사람들의 공통점은 각자의 재능에 맞춰서 직업이나 일을 선택했다는 점이다. 같은 일을 해도 보다 수월하게 수행하고 흥미롭게 지속할 수 있다. 그런데 또 한 가지 특징이 있었다. 바로 자기이해 지능이 높았던 것이다. 즉, 자신을 인식하고 이해하는 능력이 높다는 뜻이다. 이것은 나이에 상관없이 자신이 원하는 일에 끊임없이 도전하도록 한다. '왜 해야 하는지'를 알기 때문에 역경에 대한 회복력도 높아진다. 자신이 무엇에 기뻐하고, 무엇을 참을 수 있고, 어떤 상황에서 다시 도전하고 싶어지는지 이해하고 조절할 수 있다. 세상을 인식하는 틀은 자기 내부에 있다. 자신의 이해에 따라 같은 세상이라도 인식하는 것이 달라진다. 어떤 놀이나 일을 할 때 무엇 때문에 긍정적인 감각과 감정을 느끼는지 이해할 필요가 있다. 자기이해 지능을 높이는 것은 아이가 느끼는 감각과 감정을 확인하고 의도, 의지를 관찰하여 피드백 해주는 데 있다.

## ● 순간 인식하기

아이들의 자기인식 능력을 향상시키기 위해서는 순간을 인식해야 한다. 기쁘고 슬픈 순간, 쉽게 잘 조절하는 순간과 참지 못하는 순간, 그 순간에 느껴지는 감각과 감정은 나타났다가 빨리 사라진다. 지난 다음에 기억해서 말하는 것은 왜곡되기 쉽다. 그래서 아이들이 '순간'을 느끼고 표현할 때 감각과 감정을 읽게 하고 그 정도나 이유를 물어보면 인식능력이 높아진다. 감각과 감정을 느끼는 뇌에서 조절과 판단을 하는 이성적인 뇌로 연결시켜서 기억하게 한다. 아이들이 기쁨을 느낄 때 순간을 느끼고 인식하도록 질문을 통해 도와줄 필요가 있다. "하늘만큼 기뻐" "가슴이 뛰어" "날고 싶어" 같은 대답을 들어보자. 그리고 왜 그렇게 느끼는지, 무엇이 그런 기분을 만드는지 등을 물어보자. 우리의 뇌가 수직적으로 연결되고 통합되면서 균형을 만들어나가게 될 것이다.

# 동기를 부여해주는 도파민

## 전원이 끊긴
## 전차

　동기 없이 공부하면 아이들은 점점 무기력해진다. 저항할 힘이 없는 아이는 '척하는 것'에 익숙해진다. 부모가 시키는 대로 잘하던 아이가 갑자기 돌출 행동을 한다. 자신의 한계를 벗어난 스트레스를 이기지 못한 아이들은 무기력, 감정적 폭발, 일상의 거부, 신체적 흔들림인 틱과 같은 반응을 보인다. 자신이 하고 싶어서 하는 일에는 한계가 없지만 원하지 않는 것을 억지로 할 때는 금방 지쳐버리고 스트레스를 받는다. 동기를 키우며 활동할 때는 한계가 확장되지만 동기가 바닥

나면 금방 스트레스를 받는다.

　동기는 전기와 같은 '동력'이다. 전기로 움직이는 열차에 전기가 들어오지 않거나 전압이 약하면 동작하지 않는 것과 같이 사람은 동기라는 동력으로 행동한다. 능력이 되어도 움직이게 하려면 동기가 필요하다. 하지만 동기를 생각하는 부모는 많지 않은 것 같다. 사실 능력은 점차 확장하기 쉽지만 동기를 잃어버리면 가지고 있던 능력도 발휘하지 못한다는 사실을 잘 잊는다. 모든 동기는 보상과 직접적으로 관련되어 있다. 우리가 호기심을 느끼는 일을 하거나 원하는 것을 획득할 수 있다는 기대를 하며 몰입할 때 우리 뇌에는 보상회로가 자극되어 긍정적인 정서가 유발된다. 그 쾌감과 만족과 같은 보상을 통해 다음에도 같은 행동을 반복하게 된다.

　그런데 뇌에서 이런 보상 반응은 '즉각적이고 반응적인 보상'과 '가치판단 및 조절을 통한 보상'으로 구분할 수 있다. 물질적인 보상이나 처벌을 피하기 위한 행동은 즉각적이며 반응적인 보상을, 자신이 의미 부여해서 스스로 하는 행동은 가치판단과 조절을 통한 보상을 추구한다. 부모가 조건이나 처벌로 아이들의 행동을 유도하면 스스로 가치를 판단하고 조절하면서 얻는 보상에 취약해진다. 뇌에서 반응하는 보상회로가 다르기 때문이다.

　부모의 의미로 강요하고 조건적으로 공부하는 것보다 스스로 호기심과 의미로 선택한 공부가 더 오래하고 효과적이며 확장도 잘 되는 것은 보상회로의 작동이 다르기 때문이다. 즉, 동기를 활용하는 시스템이 다르다. 능력이나 학습의 양을 늘리는 것보다 중요한 것은 아이들이 자신의 동기를 느끼고 즉각적이고 반응적인 동기뿐만 아니라 가치를 판단하고 조절해서 얻는 동기를 키워주는 것이 우선시 되어야 한다. 동기를 아는 부모는 지혜로워질 수 있다. 아이들의 스트레스와 문제 행동은 방지하면서 부모가 원하는 능력은 효율적으로 지원해줄 수 있기 때문이다.

## 동기 부여는
## 뇌를 효율적으로 활용하는 방식

인간에게 동기는 행동을 이끌어내는 동력이다. 동기가 유발되어야 능력도 발휘하고 목표도 달성할 수 있다. 어떤 능력을 갖추는 것보다 중요한 것은 그 능력을 발휘할 수 있는 동기를 만들어내는 것이다. 동기는 의욕, 활력, 에너지다. 동기가 있어야 뭔가를 할 수 있고 끈기 있게 유지해 나갈 수 있다. 활력과 행복감의 원천이고 자기존중감의 버튼이 된다.

그런데 사람들마다 동기를 만들어내는 주된 방식이 다르다. 어떤 사람은 그 일이 자신에게 의미가 있고 좋아서 하는가 하면, 외부의 보상이나 인정을 받기 위해서 움직이는 사람도 있다. 내적 동기와 외적 동기의 차이다. 아이들은 내적 동기를 가지고 태어난다. 놀이를 하는 아이를 보라. 어떤 인정이나 보상을 바라는 것이 아니라 그 놀이가 좋아서 한다. 그런데 자라면서 부모의 인정이나 보상에 길들여지며 내적 동기를 점점 잃어가기 쉽다. 외적 동기는 빠르게 의욕을 만들어낼 수 있지만 지속적이지 못하고 외부의 신호에 의해서 반응한다. 반면 내적 동기는 느리게 작동하지만 아이들의 기질에 맞춰 자연스럽게 발달하고 지속성을 보인다. 그래서 아이들이 스스로 행동을 만들어 창의적으로 도전하면서 자신의 능력에 대한 확신을 가진다. 자연스럽게 자기존중감이 강화되게 되어 있다.

아이들이 동기를 만들어내는 주된 방식은 뇌에 그대로 학습된다. 동기를 만들어내는 방식이 뇌를 활용하는 방식을 좌우하게 되는 것이다. 외적 동기든 내적 동기든 기본적으로 동기를 느낄 때 우리 뇌의 보상회로가 자극되면서 도파민이란 호르몬이 뇌를 휘감는다. 이 보상회로의 자극과 도파민이 동기의 가장 기본적인 시스템이다.

그런데 보상이나 인정 같이 외부 자극에 의해 반응하는 보상회로는 오래 가지 못한다. 동기가 금방 사라지고 다시 유발되기 위해서는 더 강한 자극이 필요하다. 자극이 약하거나 없으면 금방 동기를 상실하고 무기력하다. 외부의 자극이라는 버튼이 있어야만 동기를 유지할 수 있는 종속적인 뇌 시스템이 된다.

반면에 내적 동기는 스스로 의미를 부여하고 조절하는 뇌의 균형을 더 필요로 한다. 외부의 자극보다는 스스로 의미를 부여하고 목표를 설정하고 충동을 억제하면서 지속적으로 자신이 원하는 것에 초점을 맞추는 과정을 학습하게 된다. 외적 동기는 즉각적이고 쉽지만 내적 동기는 균형을 위한 뇌의 숙련이 필요하다. 이것이 외적 동기에만 치중하면 내적 동기는 파괴되기 쉬운 이유다.

우리나라 아이들이 정해 놓은 공부는 잘하는데 창의력이 없고 외부 환경 변화에 민첩하게 적응하는 것이 힘들다고 비난 받는 원인이기도 하다. 산업사회와 다르게 창의성과 다양성, 변화와 융합이 필요한 시대에는 분명히 내적 동기가 답이다. 내적 동기가 살아 있는 균형 있는 뇌를 가진 아이가 답이다.

## 21세기에는
## 능동적 인재가 살아남는다

평생 '동기'를 연구한 학자 에드워드 데시Edward Deci는 자율성, 관계, 능력의 확장과 같은 내적 동기를 강조한다. 즉, 사람은 스스로 결정하여 행동하려고 할 때, 다른 사람과 안정적으로 연결되어 있다고 확신할 때, 자신의 능력이 조금씩 확장되어 자신감과 유능함을 느낄 때 동기가 유발된다. 아이들을 키울 때 내적 동기를 살려두기 위해서 원칙과 같이 생각하면 좋겠다.

산업사회나 대중사회와 같이 구조화된 사회에서는 분석적인 지적 능력만으로도 성과를 낼 수 있었다. 하지만 지금의 사회나 우리 아이들이 성장해서 평범하게 살아갈 세상은 변화가 빠르고 창의성과 다양성 그리고 융합이 빈번하게 일어나는 비구조화된 사회다. 이런 사회에서는 동기가 중요해진다. 스스로 주도할 수 있는 동기가 있어야만 빠른 변화에 대응하고 새롭고 창의적인 것들을 만들어낼 수 있다. 이때 믿을 수 있는 유일한 자산이 사람의 동기다. 왜 하고자 하는지에 대한 이유나 의지, 힘, 활력, 에너지 같은 것이다. 외부의 조건이나 힘에 의해 움직이는 것이 아니라 내부의 힘에 의해서 자율적으로 동기 부여되고 조절되는 행동이 필요하다.

## 무기력의 원인은 '동기 상실'

시대 변화를 이야기하지 않더라도 인간이 가진 내적 동기는 인간을 보다 행복하게 확장하는 동력이며 조건이다. 내적 동기가 충족되면 사람은 안정적이면서도 긍정적 정서가 유발된다. 의욕적이고 활력이 넘치면서 행복해진다. 내적 동기가 충족될 때 우리의 뇌가 활발하고 균형 있게 활성화된다는 반증이다. 내적 동기는 자신감, 자기존중감, 존재감과 연결되어 있다. 내적 동기가 잘 유발될수록 자신감이 커지고 스스로 가치 있고 의미 있는 존재임을 확신하게 된다. 당연하지 않은가. 외부의 필요성, 위협, 인정, 보상 등에 반응하기보다 자신에 의한, 자신에게 맞는 필요성과 이유, 조절에 의해 움직이기 때문이다. 내적 동기는 자신감을 만들고 자신감이 내적 동기를 강화하는 선순환 구조를 만든다. 이것은 조절과 균형을 담당하는 전두엽이 발달된 아이로 성장한다는 의미다.

아이들만큼 내적 동기가 충만한 존재도 없다. 보상에서 자유로우면서도 끊임없이 호기심을 느끼고 움직이며 시도한다. 하지만 외부의 힘이나 부모들에 의해 알게 모르게 내적 동기는 위협 받고 조절하는 힘을 잃어버린다. 스스로 그 능력의 문을 닫아버린다. 내부의 힘이 아니라 외부의 힘에 의해서 수동적이고 정해진 규칙대로 움직이는 생기 없는 아이로 바뀌어간다. 그들에게 내적 동기는 사라지고 외적 동기와 반응적 동기만 남아 있을 뿐이다. 무기력한 아이들의 공통점은 내적 동기의 상실이다. 나중에는 아니, 지금부터 잃어버린 내적 동기의 부작용 때문에 내적 동기를 살리는 학습을 따로 해야 할지 모른다.

# 몰입의
# 맛

내적 동기는 뭔가에 몰입하고 있을 때 가장 강하게 확인할 수 있다. 아이가 하고 싶어서 자기 나름대로의 목표를 가지고 평소보다 길게 몰입하고 있을 때 내적 동기가 충만하게 활성화된다. 수 십 년 동안 몰입flow을 연구한 미하이 칙센트미하이Mihaly Csikszentmihalyi 교수는 몰입의 조건으로 명확한 목표, 몰입하려는 일과 이를 수행하는 능력의 균형, 스스로 잘하고 있는지 느끼는 피드백 등을 들었다. 누구나 명확한 목표를 가지고 자신이 조금만 노력하면 될 것 같은 도전감을 가지고 행동한다. 그리고 그 행동의 과정에서 뭔가 조금씩 잘되어 가고 있다는 피드백을 지속적으로 받을 때 몰입하게 된다. 아이들이 외부의 기기나 자극에 의해서 단순히 수동적으로 집중하는 것이 아니라면 스스로 빠져들어 뭔가를 할 때 몰입의 맛을 뇌에 새기게 된다. 스스로 의욕적이고 긍정적인 뇌로 변한다.

매우 중요한 일이 아니면 몰입의 순간을 부모가 방해하지 않는 것이 좋다. 아이들은 뇌와 행동 패턴에 긍정적인 고속도로를 만들고 있는 중이기 때문이다. 그리고 이런 몰입의 과정을 통해 아이들의 강점이 명확해지고 아이들도 그 강점을 인식하게 된다. 보통 몰입이 일어나거나 내적 동기가 유발될 때는 아이들의 강점이 활성화될 때가 많다. 그래서 부모들은 아이들이 몰입하는 순간이 언제인지 잘 관찰할 필요가 있다. 이는 그 강점을 통해 주변의 사람들과 유능하게 연결될 수 있는 기회를 맛보는 순간이기 때문이다. 몰입의 결과나 과정을 통해 학습한 배움과 느낌을 부모들이 공유하는 것은 내적 동기를 더욱 강화시켜주는 방법이다.

## 정말 하고 싶어서 하는 일

아이들이 놀이에 빠져 있고 집중하는 것은 어떤 보상을 바라고 하는 행동이 아니다. 내적 동기를 확인할 수 있는 방법은 그 행동 자체가 보상이 될 때다. 아이들은 놀이를 하는 것 자체가 즐겁고 좋아서 한다. 그 자체가 목적이고 보상이라는 의미다. 행동의 결과를 통해 보상받고 평가되는 것이 아니다. 이렇게 그 자체로 목적이 되는 행동을 '자기목적적 행동'이라고 하는데 자기목적적 행동이 많아질수록 사람들의 내적 동기가 활성화되기 쉽다. 이때 더욱 적극적이고 긍정적이고 창의적인 행동을 보인다.

그런데 많은 연구에서 외적 보상이 내적 동기를 없애버린다고 보고하고 있다. 그동안 사람들을 행동하도록 만들기 위해서 효과적으로 활용한 것은 보상과 같은 외적 동기를 강화하는 방법들이었다. 아이들이 어릴 때 내적 동기를 주로 활용하다가 자라면서 스스로의 의미나 목적을 느껴서 행동하기보다는 외부에 의한 보상이나 목표달성에 길들여지면서 점점 내적 동기를 잃어가는 것이 사실이다. 빠른 행동과 결과를 만들기 위해서는 외적 동기가 효과적이지만 복잡하고 창의성이 필요한 경우에는 보상은 엄청나게 치명적일 수 있다. 보상이나 조건과 같은 외적 동기 요인은 자유의지로 인한 창의성을 제약하고 스트레스를 유발하여 조금만 어려워도 금방 포기하게 만든다. 다양하게 도전하려는 의욕과 호기심, 지구력을 떨어뜨리기 때문이다.

그렇다고 외적 동기가 모두 나쁘다는 것은 아니다. 외적 동기도 필요하지만 주도권은 내적 동기가 가지고 있어야 한다. 그리고 '행위 그 자체가 좋아서 하는 것'을 감각적 만족이나 쾌락에 반응하는 것으로 착각해서는 안 된다. '중독'은 조절감을 상실해서 일상을 파괴하는 행위다.

## 목표는 스스로
## 설정하도록 하자

아이들뿐만 아니라 사람들은 자신이 행동해서 만든 결과의 원인이 자신이기를 원한다. 결과가 자신의 의도와 노력에 의해 만들어졌음을 확신할 때 만족감과 생동감을 느낀다. 그리고 자기 존재에 대한 의미를 느낀다. 하지만 과도한 외적 동기는 보상이 자신의 행동을 만들었다고 착각하게 만든다. 자기도 모르는 사이에 자기 행위에서 자신이 소외되는 상황을 만들게 된다.

자신의 행동에서 자신이 소외되지 않도록 내적 동기를 활용하는 방법은 스스로 목표를 설정하고 결정하도록 하는 것이다. 아이의 실력이나 능력보다 약간 높은 놀이나 활동에 도전하도록 안내하는 일이다. 아이들이 다양하게 시도할 수 있도록 시간을 주고 도전의 과정에서 느끼는 느낌이나 배움을 확인시켜 주는 일이 중요하다. 안정적인 관계에서 아이들의 강점을 아이들의 수준에서 자신을 충분히 활용할 수 있는 기회를 주는 것이다. 아이들의 활동에서 자기 실력이 어떻게 변화되고 있는지 부모와 친구들 사이에서 나눌 수 있는 기회를 주는 것이다.

## 내적 동기의 핵심은 자율성

아이들의 내적 동기를 활성화하는 핵심에 대해 정리해보자. 내적 동기의 가장 중요한 핵심은 자율성이다. 자율성이 살아 있어야 동기의 에너지가 살아 있게 된다. 이것은 조절과 판단, 의사결정을 하는 전두엽의 활성화를 뜻한다. 우리의 두뇌는 자주 사용하면 활성화되고 발달한다. 무엇을 어떻게 할 것인지 스스로 결정하게 하고 표현할 기회를 준다. 스스로 행동의 목표를 인식할 수 있도록 도와주어야 한다.

하지만 아이들에게는 자율성의 한계를 스스로 설정하게 해서 무책임하거나 해로운 행동으로 빠져들지 않도록 도와줘야 한다. 자율성에 대한 한계는 책임감을 길러주기 때문이다. 일상에서 의욕적으로 내적 동기가 활성화되기 위해서는 아이들 수준에 맞는 성취가 필요하다. 그것은 결과에 대한 성취뿐만 아니라 과정에 대한 의미를 확인하고 표현하고 축하해주는 관계적 활동을 의미한다.

가장 중요한 것이 남아 있다. 그것은 부모의 공감 능력이다. 아이들의 입장에서 바로 볼 수 있어야 아이들이 무엇을 원하고 원하지 않는지 가늠할 수 있고 자율성을 존중해줄 수 있기 때문이다. 도움이 필요한 것인지, 스스로 선택해서 하려고 고민하는 것인지 부모는 아이들의 관점에서 바라볼 수 있어야 한다. 그렇다고 공감 능력이 부족한 부모라며 자책할 필요는 없다. 아이의 마음을 짐작하기 어렵다면 아이에게 직접 물어보면 되기 때문이다.

## ● 편한 길만 찾으면 안 된다

아이들의 행동에 조건을 달면 아이들이 하고자 했던 일도 조건에 구속시키게 된다. 칭찬칭찬 스티거 등, 선물, 용돈 등의 조건으로 행동을 만들기 쉽지만 그만큼 스스로 기쁨, 만족, 성취, 책임감을 학습할 기회를 파괴하는 것이다. 비난이나 처벌도 마찬가지다. 칭찬과 인정을 하지 말라는 것이 아니라 조건으로 내세우지 말라는 뜻이다. 칭찬과 인정은 아이들이 스스로 한 행동에 부수적으로 따른다고 인식해야 한다.

## ● 아이의 선택을 존중하라

자율성은 내적 동기의 핵심이고 선택은 뇌를 조절하는 과정이다. 아이들이 인식하든 인식하지 못하든 선택의 과정에서 자신에게 적합한 것을 느끼고 조절하면서 내적 동기를 학습하게 된다. 선택이 잘못되었다고 하더라도 그 선택의 가치에 대해 관심을 두고 함께 이야기 할 수 있어야 한다. 선택의 이유에 대해 함께 이야기하자.

## ● "제가 한 번 해볼게요"라고 말할 기회

어린 아이들은 무엇이든 자신이 주도적으로 직접 하려고 한다. 귀찮아도 스스로 동기를 테스트할 수 있도록 할 때 자신에게 맞는 내적 동기를 학습한다. 자라면서 직접 해보고자 할 때는 자신의 동기를 읽었기 때문이다. 잘하지 못해도 이때의 기회를 잘 살려 완성할 수 있도록 부모가 도와주어야 한다. 아이들 자신이 무엇을 할 때 더 오래 지속되는 동기를 발생하는지를 느끼는 동기 학습은 어떤 능력을 갖추는 것보다 중요하다.

## ● 완성은 기다림에 있다

내적 동기는 스스로 완성해본 경험이 중요하다. 그런데 기다려 주지 못해서 아이들이 자신의 수준과 속도에 맞춰서 조절하며 완성해볼 경험을 빼앗는 경우가 많다. 끝까지 끌고 가는 것도 동기가 있어야 하지만 완성하는 과정에서 만나는 어려움과 역경을 스스로 조절하는 경험을 통해 자신의 동기를 활용하는 방법을 익히게 된다.

부모의 입장에서 완성도를 바라며 '빨리빨리'를 외치면 아이들의 기질에 맞는 동기 네트워크를 건설할 기회가 없어진다. 느리고 빠른 것은 아이들의 기질에 따라 당연히 차이가 있고 중요한 것은 스스로 끝까지 해보는 것이다. 이렇게 발달한 내적 동기는 완성하면서 겪는 어려움과 역경에 대한 회복력을 키우는 일이기도 하다.

## ● 부모의 역할은 옆에서 질문하고 다듬어주는 것

내적 동기는 '행동하는 이유가 자기 자신 안에 있다는 것'이다. 행동의 이유를 가지고 있다는 것은 자신이 선택한 것이다. 그 이유는 어떻게 행동할지를 스스로 선택하고 조절하도록 만들어준다. 이유를 알거나 만든다는 것은 이미 가치를 부여하는 전두엽이 히는 일이다. 전두엽을 발달시키는 과정이고 스스로 조절하고 책임감을 가지는 과정이다. 아이들이 자신의 행동에 이유를 인식할 수 있도록 질문하고 다듬어주자.

# 배운 것을 오래 기억하려면
# 어떻게 해야 할까

## | 단기기억과
## | 장기기억

　기억력이 좋은 아이들은 학습이나 일상생활에서 여러모로 유리하다. 자신감이 있고 호기심이 강하고 이해가 빨라 학습 속도가 빠르다. 집중력도 좋고 논리적으로 생각하고 문제해결도 우수하다. 기억을 잘하려면 집중하고 관찰하고 이해하고 연결해야 한다. 기억은 단순히 암기하는 것이 아니기 때문에 인지적인 발달을 필요로 하고 기억력이 높아지면 인지적 발달이 촉진된다. 기억에 영향을 주는 다양한 요소들이 있지만 효과적인 기억력은 뇌를 잘 활용하도록 할 뿐 아니라 아이들의 상호작용을 수월하게 만들어준다.

　어릴 때부터 보다 효율적으로 뇌를 활용하고 학습하는 능력을 키워주려면 기억에 대한 전략과 관리도 도움을 줄 필요가 있다. 가난으로 인한 스트레스는 해마의 기능을 저하시켜 기억력에 악영향을 준다는 연구를 보면 안정된 환경에서 즐겁게 자신감을 주는 것이 기억에 중요하다는 사실을 알 수 있다. 운동이 인지능력에 영향을 주듯이 기억에도 영향을 준다. 운동과 함께 감각적인 경험을 통한 기억은 오래가고 쉽게 잊지 않는다. 기억력과 관련해서 다양한 해석과 기억력 향상 방법도 많지만 가장 기본이 되는 상식 수준의 이해는 아이들의 기억력을 지원하는데 도움이 된다.

　우리 뇌에서 기억은 지속 기간에 따라 단기기억과 장기기억으로 구분해볼 수 있다. 짧게는 분에서 길게는 시간을 단위로 지속되는 기억을 단기기억, 하루 이상 지속되는 기억을 장기기억이라고 한다. 단기기억은 쉽게 잊히는 불안한 기억이다. 안정적이고 오랫동안 기억되려면 장기기억으로 넘어가야 한다. 기억의 연결이 강화되는 것을 응고화라고 하는데 실제로 뇌의 신경세포 시냅스와 시냅스의 연결이 새로운 단백질의 합성으로 연결이 강화되는 현상을 시냅스 응고화라고 한다. 이렇게 되면 금방 끊어지는 지푸라기들이 집단 줄다리기를 할 수 있는 줄로 바뀐다. 단백질 합성은 기억의 연결이 강화된다고 보면 된다. 응고화를 언급하는 것은 응고화를 거치지 않으면 절대로 장기기억으로 강화될 수 없기 때문이다.

그렇다면 응고화를 통한 장기기억은 언제 이루어질까. 대표적으로 수면 중에 일어난다. 기억을 담당하는 해마가 잠자는 중에서도 낮에 기억한 것을 다시 재생하면서 학습하고 강화시키기 때문이다. 이렇게 기억을 위한 단백질 합성이 일어나면서 응고화 과정을 거친다. 우리는 자고 있지만 뇌는 복습하고 있는 셈이다. 그래서 기억을 위해서는 잠을 자야 한다. 반대로 아무리 학습을 잘했어도 수면을 방해하면 기억의 응고화는 이루어지지 않는다.

## 반복 또 반복하면
## 기억은 강화된다

기억의 첫 번째 핵심은 '잠'이다. 그리고 두 번째 핵심은 학습 빈도다. 반복된 학습만큼 기억을 강화하는 것은 없다. 사실 기억은 특정 장소에 저장되는 것이기 보다는 시냅스의 연결이라는 주장이 있다. 어떤 부분의 신경세포인 시냅스가 자주 활성화되면서 연관된 시냅스의 연결이 강화되면 기억이 강화된다. 길도 없는 산중에 하나의 길을 찾아 자주 오르다보면 어느새 뚜렷한 등산로가 생기는 것과 같다. 우리가 무엇인가를 학습하면 이것이 전기 자극처럼 시냅스를 활성화하여 연결을 강화한다.

그런데 이런 학습에 의한 자극의 강도가 높을수록 기억의 연결 강도가 높다고 볼 수 있다. 반복 학습을 하는 것이 유리한데 강한 자극이 되려면 감정이나 호기심, 특별한 경험을 통한 자극이면 더욱 좋다. 아이들의 학습 효과를 높이려면 반복하고 호기심을 자극하여 즐겁고 특별한 감정을 만들어주는 것이 효과적이다.

기억의 응고화에서 하나 추가할 내용이 있다. 응고화는 자극이 있은 후 몇 시간 내에 이루어지는 것이 유리하다. 독일의 심리학자인 헤르만 에빙하우스Hermann Ebbinghaus가 발표한 '에빙하우스의 망각곡선'은 학습에 의해 기억된 것이 시간이 지남에 따라 망각되는 정도를 곡선으로 나타낸 가설이다. 사람의 기억은 학습이 시작한 10분 후부터 망각하기 시작해서 1일만 지나도 기억의 70퍼센트 이상 지워진다는 것이다.

물론 사람마다 차이가 있지만 대략적인 경향성만큼은 분명하다. 그래서 잊기 전에 주기별로 복습을 통한 반복을 하라는 것이 망각곡선의 교훈이다. 많은 것을 배우고 주입시켜서 스트레스를 주는 것보다 그날 배운 것을 스스로 확인하며 목록만이라도 정리해보도록 하는 것이 올바른 학습 지도법이다.

# 작업기억을
# 발달시키는 훈련

기억 및 기억의 활용과 관련하여 작업기억working memory이라는 것이 있다. 잠시 기억했다가 어떤 작업을 수행하는데 활용하는 기억 능력을 말한다. 뇌의 정보 처리 능력을 평가하는 작업기억 능력은 아이들의 학습 능력을 예측하는 데 결정인자로 활용되기도 한다. 예를 들어 특정한 위치에 있는 여러 가지 도형을 기억했다가 빈칸을 주면 똑같은 위치와 모양을 배열하는 것처럼 무엇인가를 기억했다가 주어진 작업 목표를 성공적으로 수행하는 능력을 떠올리면 된다. '우리 아이 뇌 발달'이라는 단어를 불러주면 이를 머릿속에 기억했다가 거꾸로 '달발 뇌 이아 리우'라고 말하는 것도 해당한다. 책을 읽다가 앞에서 등장한 인물들을 기억하면서 현재 있는 스토리를 해석하는 데 활용하는 능력도 작업기억 능력이다. 순간적으로 목격된 정보를 어떤 작업목표을 위해 주의를 집중하고 임시저장을 하고 장기기억으로 바꿀 준비를 한다는 점에서 스쳐지나가는 단기기억과 차이가 있다. 이 작업기억이 잘 작동되어야 기억을 이용한 비교, 시뮬레이션, 예측 등 고차원적인 학습이 가능해진다.

그런데 이런 작업기억은 이마 앞부분에 위치한 전전두엽에서 관장한다. 효율적이고 효과적인 기억과 활용을 위해서는 전전두엽의 발달이 중요하다는 의미다. 전전두엽 훈련에는 반드시 작업기억 훈련이 포함된다. 종합적이고 높은 수준의 주의력이 요구되는 편인데 숫자를 불러주면 암산하여 답한다거나 글자를 거꾸로 말하는 등의 훈련도 작업기억에 포함된다. 공부를 잘하는 사람은 이런 작업기억이 좋다고 볼 수 있다. 우리 아이들의 학습을 위해서는 기억을 잘하는 것도 중요하지만 어떤 목표를 위해 기억을 유지하고 활용하는 연습이 더 중요하다. 내용을 이해하고 즐기는 독서와 그 내용을 말할 수 있는 활동은 기억과 작업기억 능력을 향상시키고 자연스럽게 공부 잘하는 머리를 만들어준다.

## ● 혹사당하지 않는 효과적인 기억법

한 번에 하나씩 기억한다. 여러 정보를 동시에 기억하려고 하면 경쟁에 의해 입력이 견고하게 저장되지 않는다. 많이 공부하는 것보다 반복해서 이해하는 것은 신경회로가 더 많이 동원되고 연결이 더 복잡해져 기억을 장기화하는 데 유리하다.

## ● 주도적인 기억력을 만들자

질문을 통해서 기억한다. 질문을 하면 지식이 저장된 신경회로가 동원되어 서로 교신하게 되고 그 연결로 회로가 강화되기 때문이다. 내가 무엇을 알고 모르고, 내가 무엇을 기억하고 기억하지 못하는지를 알게 되는 메타인지도 발달시킬 수 있다. 기억한 것을 질문을 통해 확인하도록 하자. 아이들이 기억한 것으로 질문을 직접 만들어 문제를 내어 보라고 해도 효과적이다.

## ● 기억력에 구조와 전체적 풍경을 만들어주자

학습한 내용을 전체적으로 요약해본다. 비슷한 것끼리 나누어서 묶어보고 범주를 정해 분류해보는 것이다. 아이들에게 "서로 비슷한 것은 무엇일까?" "같은 것끼리 묶으려면 어떻게 할 수 있을까?" "어제 배운 것과 같은 것은 무엇일까?" 등 질문을 통해 묶고 범주를 나누어 보면 구조를 이해하고 전체적인 연관성을 파악할 수 있다. 전체적으로 이해하고 연관관계를 살펴보는 것은 신경회로의 교신을 빈번하게 하고 역시 메타인지능력을 발달시키는 장점이 있다. 기억력은 물론 모두 전두엽을 활성화시키는 방법이다.

## ● 망각을 인정하는 질적인 기억 습관을 길러주자

기억은 양보다 질이 중요하다. 많이 기억하고 망각해버리면 의미가 없다. 무조건 많이 기억하기보다는 견고한 기억을 추구하는 것이 합리적이다. 기억을 단순히 담지 말고 이전 기억과 비교하고 다른 경험의 기억과 연관지어보는 것은 신경회로의 활성화와 연결을 통한 기억 강화에 아주 좋은 '질적 방법'이다.

## ● 주의력과 작업기억 능력을 키우자

목표나 특정 작업을 위해 주도적으로 기억했다가 활용하는 작업 기억 능력은 단순히 기억을 많이 하는 능력을 초월한다. 기억력은 물론 주의력과 주어진 과제의 상황과 맥락을 파악해야 한다. 특히 전두엽의 조절능력을 키워야 한다. 아이들에게 스스로 목표를 정하고 조절하면서 기억을 활용하는 능력, 주도적 학습 능력을 키워야 한다. 단순히 기억력에 한정하지 않고 문제해결 능력을 키울 때 학습 능력은 물론 스스로 조절하는 인성적 학습도 자연스럽게 달성할 수 있다.

# 잠재력을 깨우는
# 긍정의 힘

## 바구니에
## 공을 넣는 실험

한 다큐멘터리에서 이런 실험을 했다. 아이들이 눈을 가린 채 공을 던지면 엄마가 말로 이끌어주며 바구니에 더 많은 공을 넣는 실험이었다. 그런데 엄마와 아이가 상호작용하는 패턴이 정확히 두 그룹으로 나뉘는 것을 관찰할 수 있었다. 한 그룹은 아이가 바구니에 공을 잘 넣든 그렇지 못하든 긍정적으로 "좋아! 좋아! 그렇지!"라고 말했다. 한편 다른 그룹은 잘 넣지 못할 때마다 안타까워하며 긴장된 어조로 "오른쪽! 왼쪽!"이라며 정확히 지시하거나 "아니, 오른쪽! 아니, 좀 더 멀리!"

라며 구체적으로 말했다. 물론 결과는 긍정적으로 독려받은 아이들이 훨씬 많은 공을 넣었다.

긍정적인 분위기에서 아이들은 자신의 감각을 충분히 활용하며 잘 조율된 움직임을 보인다. 긍정의 뇌가 작동하고 있는 것이다. 다양한 연구에서 긍정적인 감정을 경험상상, 쓰기하게 하고 시험을 보면 부정적 감정을 경험한 아이들 보다 학습 효과가 높은 것으로 나타난다. 만 5세 아이들의 실험이나 초등학생을 대상으로 한 실험이나 같은 결과를 확인할 수 있다.

긍정은 기본적으로 열린 시스템이고 부정은 닫힌 시스템이다. 긍정적인 아이로 키우려고 한다면 열린 시스템이 필요하다. 불필요한 긴장감 없이 아이의 잠재력을 풀어놓을 수 있기 때문이다. 여기에 시스템이라고 한 것은 아무리 우수한 능력을 교육하고 싶어도 아이들의 몸과 마음이 열려 있는 체계가 만들어지지 않으면 힘들다는 의미다. 열려 있는 시스템, 긍정의 뇌가 우선이다.

그리고 긍정과 부정은 경향성과 패턴을 가진다. 똑같은 상황과 정보를 만나도 부정과 긍정 중 어떤 정보에 먼저 주의가 가느냐는 그때그때의 상황도 중요하지만 아이들의 패턴화된 시스템에 의해 좌우된다. 긍정적인 아이는 긍정적인 패턴과 시스템에 의해 키워진다. 아이들의 잠재력을 의심 없이 펼칠 수 있도록 하려면 부모나 양육자와 주요 환경이 먼저 긍정적 시스템으로 변해야 한다.

# 사람은 긍정을
# 먹고 산다

세계적 긍정심리학자 바버라 프레드릭슨Barbara Fredrickson은 그의 연구를 정리하면서 긍정의 확장 구축 이론을 내놓았다. 긍정성은 사람의 사고와 행동을 넓히고 사회적, 신체적, 인지적 능력을 확장시켜서 기존에 상상할 수 없는 일을 이루어내도록 한다는 것이다. 사람은 긍정적일 때 주의력의 범위가 확장되어 다양한 관점으로 바라보고 전체적이고 통합적인 측면에서 보고 생각할 수 있도록 해준다. 그래서 생각하지 못한 아이디어를 만들어내고 보지 못한 창의성을 만들어낼 수 있게 된다. 우리의 뇌도 긍정적일 때 대뇌피질이 활성화되고 다양한 자극에 호기심을 가지며 여러 신경회로의 연결이 잘되고 발달한다.

긍정적인 분위기에서 우리의 몸에는 활력과 안정감을 만들어내는 호르몬이 분비되고 스트레스 호르몬인 코르티솔과 염증의 수치가 떨어진다. 또한 혈압을 낮추고 통증을 감소시키며 안정적인 숙면을 취하도록 한다. 사람은 긍정적일 때 개방적이고 낙관적으로 변한다. 덜 감정적으로 행동하게 되면서도 동시에 감정을 이해하는 능력은 커진다. 목적에 집중할 수 있게 된다.

무엇보다 긍정성은 외부와 쉽게 연결하고 타인을 수용함으로써 자아를 통합하고 확장하도록 돕는다. 긍정적일 때 타인의 재능과 특성을 잘 받아들여 자신의 것과 통합하고 스스로 확장할 기회가 커진다는 의미다. 우리는 긍정적이고 낙관적일 때 신뢰와 관계의 호르몬이라는 옥시토신의 양이 늘어나 타인과 긍정적인 관계를 쉽게 구축하도록 돕는다. 우리는 긍정적일 때 처음 보는 사람을 더 잘 인식하고 쉽게 다가서는 이유가 여기에 있다.

## 생존을 위해 부정적 정보에 민감하게 진화한 인간

인간은 원래 진화해오면서 생존을 위해 부정적 정보에 민감하게 발달했다. 그래서 인간은 부정 편향negativity bias적 속성을 가지고 있다. 부정적인 신호에 민감할수록 생존 확률이 높아지기 때문에 부정적 상상과 대비는 마음속에서 늘 합당한 지지를 받는다. 그래서 아이들도 긍정적이기보다는 부정적인 것에 훨씬 쉽게 반응한다.

그래서 긍정을 위한 노력이 더 많이 필요하다. 아이들이 스스로 노력하기는 힘들다. 긍정적인 정서를 유발하는 뇌 부위를 알아서 활성화시키는 어렵다. 아이들은 당연히 부모나 주변의 정서적 패턴을 인식하며 긍정성과 낙관성의 채널을 형성한다. 뇌는 회로처럼 연결되어 시스템적으로 움직인다. 주로 활성화되어 있는 곳에 불붙기 쉽다. 긍정적인 말과 태도로 아이들을 대하고 그런 행동을 보여주는 부모가 있기에 아이들은 긍정적이고 낙천적으로 활성화된다.

아이들에게 긍정은 느끼는 것이다. 주변의 환경과 분위기에서 느끼고 길들여진다. 부모와 주변 환경에서 긍정적인 정보를 먼저 확인하고 대화하고 칭찬하는 것이 중요하다. 긍정적인 아이로 키우는 방법의 키워드는 칭찬, 감사, 희망, 웃음들이다. 그런데 긍정은 내적 동기와 연결된다. 내적 동기를 활성화시키는 활동을 많이 하면 우리는 긍정적이게 된다는 의미다. 아이들이 스스로 결정해서 만들어가는 자기결정감, 자신의 능력이 조금씩 나아지고 있다는 자각에서 오는 능력의 확장, 다른 사람과의 관계에서 자신이 공헌하고 있다는 관계의 만족이다.

웃으며 칭찬하고 감사하는 것이 익숙한 아이들이 내적 동기를 강화하는 활동을 많이 하면 자신감과 함께 자기존중감이 꽃피게 된다. 또 몰입은 우리의 뇌에 긍정적인 정서를 유발하는 호르몬을 많이 분출하게 만든다.

긍정적인 아이는 열린 시스템을 가진 아이들이고 긍정적으로 쉽게 활성화되는 뇌를 가진 아이들이다. 이는 균형 잡힌 두뇌를 가진 아이들이고 긍정적인 요소와 반복적으로 상호작용을 많이 하는 아이들이다. 안정감과 편안함, 그리고 도전하는 아이들이 긍정적인 아이들이다. 아이들이 직면하는 힘든 상황을 버티고 극복하는 회복력의 씨앗

이자 자양분에 해당하는 것이 바로 긍정성이다. 어릴 때 긍정적인 뇌를 활성화시켜준다는 것은 평생의 회복력이란 나무를 심어주는 것과 같다.

● 긍정은 전염된다

긍정성은 여러 이유가 있겠지만 물드는 것이다. 긍정적이고 낙
관적이면서 자신감을 가진 부모의 모습은 아이들의 긍정성을 높이
는 최고의 교육이다. 아이들은 부모가 힘든 일을 만났을 때 스스로
에게 보이는 태도를 닮아간다. 힘들고 어려운 일은 무조건 참는 것
이 아니라 힘들어도 스스로에게 용기를 주고 긍정적인 정보에 더
가능성을 두는 부모의 모습을 자연스럽게 배우게 된다.

● 남과 비교하지 말고 어제의 나와 비교하는 법

아이들은 비교하기를 좋아한다. 본능적이기도 하지만 쉽게 인식
되기 때문이다. 비교하면서 때로는 우쭐하기도 하지만 자신의 부족
하고 부정적인 면에 초점을 맞추기 쉽다.
남들과 비교하기 보다는 자신과 비교하도록 해서 지난번보다 얼
마나 좋아졌는지 확인하도록 알려준다. 자신의 능력이 조금씩 확

장되고 있다는 느낌은 내적 동기를 높여서 긍정적인 정서를 만들어준다.

## ● 실패와 역경에 대한 긍정적인 태도

아이들이 반드시 만나는 실패와 역경은 부정적인 감정을 합리화하기 쉽다. 부모는 아이들의 실패를 과감하게 허용해주어야 한다. 세상에는 좋은 일도 있지만 실패와 역경도 당연히 있고 그것을 통해 나아질 수 있다는 긍정적인 메시지를 공급해주어야 한다. 아이들의 실패와 역경을 부모가 더 민감하게 반응하면 실패와 역경에서도 더 잘해보려는 도전과 긍정적인 해석보다는 자신의 존재를 쉽게 비관하는 해석에 빠지게 된다. 실패와 역경에 대한 긍정적인 태도는 그것을 통해 더 좋아질 수 있는 희망의 경로를 찾는 힘에 있다. 이런 희망의 경로는 찾는 부모의 관계와 역할이 가장 큰 격려가 된다.

## ● 아이들의 몰입과 성취에 대한 부모의 칭찬

아이들이 스스로 좋아하는 것에 몰입하는 것은 그 자체로 긍정적 정서를 만든다. 그 과정에서 만들어진 결과물이라면 아이들의 작은 성취라도 적극적으로 칭찬해주는 행동이 필요하다. 이때는 반드시 몰입한 과정이 성취를 만들 수 있었다는 것을 확인시켜주는 칭찬을 해줘야 한다. 아이들의 작은 성취는 몰입하는 과정에서 실패나 끙끙대며 끈기를 발휘한 결과다. 이런 것을 쉽게 넘기지 않고 느낄 수 있도록 칭찬해주면 아이들의 성취는 긍정적인 자신을 격려하고 믿게 만들어준다. 이런 과정에서 아이들의 뇌는 동기를 일으키며 보상회로가 활성화되는 긍정적인 경로를 만들게 된다.

# 강렬한 자극에만 반응하는
# '팝콘 브레인'

## 수동적 집중과
## 능동적 집중

　강한 자극에 반응하는 뇌는 조절과 균형의 능력을 잃어간다. 요즘에는 주의를 자극하여 단기적으로 집중시키는 요인이 많다. 어떤 부모는 아이가 게임할 때 몇 시간이고 집중한다며 "우리 아이는 집중력이 좋아요"라고 한다. TV, 인터넷, 영상물 같은 것을 볼 때도 마찬가지다. 어린 아이들은 새로운 교구나 장난감을 접할 때는 주변의 소음에도 불구하고 집중을 잘한다. 그래서 부모님들은 아이의 집중력이 참 좋다고 착각하는 것이다. 이렇게 집중력이 좋은 아이들도 공부를 하거나 무엇을 관찰하거나 차근히 설명을 들어야 할 때는 힘들어하고 쉽게 산만해진다.

집중력은 수동적 집중과 능동적 집중으로 나눌 수 있다. 게임을 할 때의 집중은 반응적이고 수동적이다. 그래서 이런 집중을 수동적 집중력이라고 한다. 새로운 것, 강한 것, 자극적인 것을 접할 때 본능적으로 발생하는 집중력을 의미한다. 강한 자극을 통해 수동적인 집중력을 계속 유지시키는 것이 게임이다. 여기에 많이 노출되면 약하거나 밋밋한 자극에서는 집중력을 발휘하기 힘들다. 자극적이지 않으면 전혀 관심이 없어진다. 아이들은 처음 접하고 신기한 것이 많기 때문에 새로운 교구나 장난감은 별다른 노력을 하지 않아도 주의를 집중시키기가 쉽다. 이때도 수동적 집중력이 발휘되는 것이다. 어릴 때는 집중을 잘했는데 성장하면서 집중력이 떨어지고 있다면 익숙한 것이 많아진 상황에서 '스스로 필요해서 주의를 집중하는 능력'이 만들어지지 않았기 때문이다.

반면에 능동적 집중력은 자신의 선택과 판단 등 의지에 의해서 집중하는 것으로 익숙하고 단조로운 것뿐만 아니라 어려운 것을 할 때 의도를 가지고 끌어내야하는 집중력이다. 수동적인 집중력에 길들여지면 즉각적이고 단기적인 만족은 있을지 몰라도 뭔가를 꾸준히 참고 조절해야 하는 일이 힘들게 된다. 성급하게 결과만 바라고 차분히 관찰해서 찾아내는 일이 어렵다.

어릴 때는 적극적 집중력을 발휘하기 힘들기 때문에 공부나 관찰하는 일을 할 때 칭찬 등을 통해 집중력을 끌고 갈 수 있도록 도와주어야 한다. 함께 상호작용을 늘려가거나 자극이 없는 환경을 만들어주거나, 필요하다면 장소를 바꿔서 집중력을 유지해서 목표를 완성할 수 있도록 도와주어야 한다. 적극적 집중력은 단지 반응하는 것이 아니라 주의를 통제하고 조절하는 뇌가 활성화되어야 하고 뇌의 균형적 발달을 필요로 하기 때문이다. 아이들은 수동적 집중뿐만 아니라 적극적 집중을 늘려가면서 전두엽 발달과 뇌의 균형을 만들어가게 된다.

## 일상에는
## 반응하지 않는다

수동적인 집중력은 뇌의 균형을 잃게 만들고 반응적인 뇌로 길들여진다. 미국 워싱턴 대학의 데이비드 레비David Levy 교수는 기계가 제공하는 빠르고 강한 시청각 자극에 너무 익숙한 나머지 느리고 약한 현실의 자극에는 반응하지 않는 뇌를 팝콘 브레인popcorn brain이라고 정의했다. 디지털 기기에 익숙한 뇌가 팝콘이 튀는 것처럼 즉각적인 현상에만 반응하고 평범한 일상에는 반응하지 않고 흥미를 잃게 된다는 뜻이다.

스마트 기기를 활용한 학습 실험이 있다. 종이 교재로 공부한 학생들보다 스마트 기기를 활용한 학생들이 학습 효과가 낮은 것으로 나타났다. 태블릿 PC를 활용한 학습에서는 흥분과 긴장 상태에 활성화되는 '하이베타파'가 집중력을 방해하는 데 비해 종이책을 사용할 때는 뇌세포 간의 연결이 풍성해지면서 전체적으로 균형 있게 활성화되었다.

스마트폰 중독에 빠진 학생의 경우 일반 학생들에 비해 시각적이고 청각적인 반응과 집중력이 오히려 두 배 가량 느리게 나타난다는 실험도 있다. 책을 읽을 때는 전두엽을 중심으로 뇌가 전체적으로 활발하게 활성화되지만 게임, 비디오를 볼 때는 시각적 정보를 담당하는 후두엽만 겨우 활성화된다는 것이다. 지나친 게임과 영상물의 노출에 의한 집중은 뇌의 균형적인 활성화에 치명적이다. 조용히 집중하고 있는 것 같지만 우리 아이들의 뇌는 중독이나 충동에 약한 뇌로 변해 가고 있다는 사실을 알아야 한다.

## 미디어에 익숙한 아이는
## 왜 학습을 지루하게 느낄까

반응적이고 수동적인 집중력은 학습에 치명적일 수 있다. 학습은 정보를 입력하고 정리 또는 분류 등의 과정을 거쳐서 인출되는 과정을 거친다. 정보가 입력되면 기존의 경험과 기억 또는 다른 입력 정보들과 비교하고 평가하는 시뮬레이션 과정을 거친 다음 자신만의 정답을 찾아 표출된다. 하지만 입력만 있고 정리하여 표출할 줄 모르는 학생은 독창적인 지식을 만들어낼 수 없다. 게임, 인터넷, 미디어에 빠져있는 아이들은 과도한 입력에 눌려 정리하는 과정 자체가 힘들다.

게임을 하거나 TV를 보며 생각하는 순간 빠르게 지나가버리는데 생각하고 조절하는 뇌를 사용할 틈이 없다. 이렇게 빠르고 즉각적인 반응에 익숙한 아이들은 생각하고 조절한 다음 적합한 것을 찾아내는 학습의 과정이 힘들고 지루하게 된다. 상황, 맥락, 분위기를 읽지 못하고 과정은 무시하고 결과만 생각하는 일방통행의 뇌가 이렇게 만들어진다. 학습이 괴로운 뇌가 되는 것이다. 알기는 아는데 제대로 아는 것이 없고, 아는데 표현하지 못하는 아이들의 행동이 이렇게 형성된다. 남과 다른 생각, 창의성이 중요하다고 하는데 아이들의 뇌는 수동적이고 반응적인 뇌로 변해가고 있는지 모른다.

## 밋밋한 자극을
## 느리게 천천히 느껴보자

적극적 집중력을 키우기 위해서는 아이들의 의도와 가치를 정의하고 스스로 계획하면서 과정을 설계할 수 있는 활동을 늘려야 한다. 밋밋한 자극이라도 의미를 가지고 집중할 수 있는 경험을 만들어주는 것이 좋다. 여행이나 자연의 관찰, 상호작용을 늘리는 것이 효과적이다. 모두가 평소 자신의 주의를 어떻게 활용하느냐와 관련이 깊다. 우리의 주의는 관리되지 않으면 습관적이고 반응적이기 쉽다고 했다. 주변의 더 큰 자극을 따라 흐를 수밖에 없다.

이를 목적과 계획, 의미에 맞춰 조절하려고 하면 스스로 관찰하고 생각하고 다양한 자극을 선택할 수 있는 능력이 필요하다. 세상이 그런지라 즉각적이고 반응적인 것도 필요하지만, 한쪽으로 치우치지 않고 적절히 균형을 찾는 것이 더 필요하다. 그 균형을 위해서는 부모들의 적극적인 개입이 필요하다. 적극적이고 능동적인 집중력을 높일 수 있는 상호작용의 기회를 늘려줄 필요가 있다.

## ● 관심이 집중력을 높인다

집중을 하면 아이들의 뇌에는 보상 시스템이 작동한다. 즉각적이고 수동적으로 집중하는 것도 즐겁다. 하지만 아이들이 집중하는 데 자기통제력이 필요한 경우에는 잘한 부분에 대해 칭찬하거나 지난번보다 나아진 것에 대해 확인시켜주는 피드백으로 보상을 느끼게 해줘야 한다. 참고 하니까 즐겁고, 그 즐거움이 훨씬 크다는 것을 알게 해주는 것이다.

## ● 능동적 집중을 위해서는 협상이 필요하다

능동적 집중은 참으며 지속해야 하는 어려움이 있지만, 해내고 나면 훨씬 큰 즐거움이 생긴다. 즐거움, 만족과 같은 긍정적 정서가 유발되는 것이다. 하지 못할 것이라고 생각했는데 의외로 견디고 성취하면 그 쾌감이 훨씬 크다. 예상과 다른 의외의 결과는 뇌의 보상 시스템을 더 크게 자극한다. 그래서 5분 하던 것을 10분으로 목표를 올릴 수 있도록 동기부여 하거나 힘들지 않을 정도의 도전적 목표를 달성했을 때 평소에 좋아하는 것을 적극적으로 제공해주는 등 협상이 필요하다.

## ● 관찰하는 재미, 발견하는 재미

집중을 하지 못하는 것은 자극이 단조롭고 숨어 있기 때문이다. 자연을 관찰하는 것은 단조롭지만 차이를 인식하게 되면 새롭고 재미있다. 숨어 있는 호기심을 끌어낼 수 있기 때문이다. 나무에 잎이 나고 꽃이 피고 그 꽃 아래 열매가 생기는 과정과 차이를 알면 단조로운 것이 즐거운 것이 된다. 꽃잎이 다르고 나뭇잎이 어떻게 다른지 비교하고 그 차이를 직접 찾아서 눈으로 볼 수 있도록 장식하는 것은 의외로 재미있다. 이런 과정들이 단조로운 것에 대한 집중력의 즐거움을 만들어준다.

## ● 읽고 쓰고 상호작용하자

읽고 쓰고 토론하는 것은 그 자체로 집중력을 높인다. 목표와 피드백이 있으면 능동적인 집중력은 올라간다. 문제를 해결하기 위해 읽는 것은 명확한 목표를 제공하고 서로 이야기 하고 토론하는 것은 피드백을 제공하여 읽은 내용의 흥미와 만족감을 높인다. 쓴다는 것도 전체를 이해하고 성찰하는 과정으로 강한 통제감을 느끼는 피드백이다. 주변의 사람들이나 부모가 상호작용해줄 때 아이들 스스로는 볼 수 없었던 것을 볼 수 있는 즐거움과 만족이 생긴다.

# 인간의 뇌는
# 언어를 통해 정교해진다

## 가장 바람직한
## 몰입 경험

    책을 읽는 뇌와 영상물을 보는 뇌를 비교해보자. 책을 읽는 뇌는 전체적으로 활성화되는데 영상물을 보는 뇌는 시각피질 등 특정 부위만 활성화된다. 또한 독서를 능숙하게 하는 사람은 책을 읽을 때 뇌 전체가 활발하게 연결되어 활성화되지만 독서 초보자들은 책을 읽을 때 몇몇 부위만 활성화되고 그 연결성이 상대적으로 느리다. 책을 읽는 행위는 뇌를 전체적으로 움직이게 하고 다양한 뇌 부위의 연결성과 정보의 전달이 활발해지도록 한다. 그러니 아이들의 뇌를 가장 다양하고 안정적으로 발달시키고 균형을 만들어내는 뇌 훈련법이 독서라고 할 수 있다.

독서는 생각할 수 있는 힘을 길러준다. 그래서 상상할 수 있는 힘, 다양한 측면으로 문제를 바라보고 해결할 수 있는 힘, 창의적으로 생각하는 힘을 길러준다. 당연히 지식도 늘어나지만 언어적 이해력과 소통 능력을 높여주고 변화하는 세상을 스스로 읽어낼 수 있는 힘도 길러지게 된다. 아이들에게 독서는 새로운 것을 만나게 해줌으로써 호기심을 자극할 뿐 아니라 전혀 다른 사람을 만나서 그들의 생각을 경험하고 경험할 수 없는 다른 세상을 접할 수 있는 기회를 제공해준다. 아이들에게 독서는 무한한 탐험이고 뇌 속에서 스스로 이루어지는 도전이고 가장 바람직한 몰입의 경험이기도 하다.

## | 언어를 통해
## | 정교하게 발달하는 아이의 뇌

미국에서 3~5세 아이들에게 동화책을 읽어주고 뇌에서 어떤 일이 벌어지는 살피는 실험을 했다. 동화책을 읽어주는 동안 청각과 시각 등을 통해 정보를 처리하고 통합하는 뇌 영역이 활성화되었다. 유치원 시기에 어휘력이 하위 25퍼센트에 속한 아이들은 6학년이 되면 어휘력이 평균적으로 3년 정도 뒤처진다는 연구도 있다.

부모가 아이들에게 책을 읽어주는 동안 아이들의 뇌에는 어떤 일이 일어날까. 미국의 신시내티 어린이 병원의 존 허튼John Hutton 박사는 책 읽는 소리를 듣는 아이의 뇌에서 시각을 담당하는 부위가 매우 활성화되는 것을 확인했다. 소리로 이야기를 듣고 있지만 아이들은 상상을 통해 눈으로 보는 것과 같이 이미지를 재창조하고 있는 것이다.

인간의 뇌는 언어를 통해 정교해진다. 감각과 감정이 언어를 통한 표현을 거치며 생각을 하는 전두엽이 발달하게 된다. 뇌의 전 영역이 언어를 통해서 연결되고 조절되면서 뇌의 균형을 완성해간다. 이렇게 언어를 활용하는 뇌의 발달은 아이들이 성장하면서 생각하고 조절하는 힘을 길러준다. 아이들은 책의 이야기를 듣고 읽으면서 수많은 상상을 하기 때문에 머릿속에서 시뮬레이션 하고 예측하는 능력을 키워준다. 하나의 문제를 해결하기 위해서 여러 기억들을 띄워놓고 이리저리 끼워 맞춰보고 예측하는 능력에 활용되는 작업기억이 발달하게된다. 흔히 공부 잘하는 능력이라고 하는 메타인지 능력이 이 작업기억의 발달을 필요로 하는 것이다. 많은 학자들이 작업기억은 인간의 이해력, 학습능력, 추론과 조절력의 개인차를 설명한다고 주장하고있다.

# 책 읽는 부모가
# 책 읽는 자녀를 만든다

독서는 어린 아이들의 성장과 발달을 위해서도 가장 좋은 투자가 될 수 있지만 평생 유용하게 쓸 수 있는 자산을 물려주는 것이나 마찬가지다. 하지만 요즘은 영상 매체가 발달하고 접근도도 매우 높아서 독서 습관을 들이는 것이 무척 어려운 것도 사실이다. 지식 등 기능적 측면을 따지만 영상 매체가 효율적이라고 말할지 몰라도 아이들의 뇌 발달과 감성, 사고력, 학습 능력종합판단, 추리, 비판력, 동기적 측면자율성, 주도성, 동기부여 능력의 발달을 생각한다면 독서 습관이 훨씬 중요해진다.

이런 독서의 중요성 때문에 독서를 하나의 경쟁 수단으로 보는 경우도 많은데 독서를 하는 것도 중요하지만 아이들이 책을 좋아하게 하는 것이 핵심이다. 그 자체로 흥미와 즐거움을 느껴서 책 읽는 것을 즐기도록 만들어주는 것이다. 그래서 책과 가까이 할 수 있는 주변 환경을 만들어주는 것이 중요하다.

아이들의 독서 습관에 가장 좋은 것은 독서하는 부모의 모습이다. 많은 연구에서 동일하게 나오는 결과가 있다. 아이들의 독서량과 독서 시간은 부모의 독서량을 따라간다는 사실이다. 책을 읽는 부모의 모습은 아이들이 독서할 동기를 얻고 정서적으로 좋은 영향을 미친다. 아이들의 전용 책꽂이를 만드는 등 책이 가까이 있는 환경을 조성하고, 책을 읽는 부모가 곁에 있고, 일정한 시간에 규칙적으로 책을 읽어주며, 책의 내용으로 대화하는 것이 가장 기본적인 독서 방법으로 이견이 없다.

## 책 밖의 현실로
## 연결되는 독서

아이들에게 책은 흥미롭고 즐겁고 재미있는 것이 되어야 한다. 그래서 아이들의 눈높이에 맞고 재미있어 하는 책을 고르는 것이 중요하다. 부모는 교육적 차원에서 학습적 목적을 염두에 두고 책을 고르지만 학습적 목적보다 먼저 달성되어야 하는 것이 재미있고 즐거워하는 책으로 놀게 하는 것이다. 아이들의 수준에 맞는 어휘와 문장을 충족하기만 한다면 말이다. 아이들이 좋아하는 캐릭터나 동물이 무엇인지 물어보고 책의 주제를 고르며 아이의 선택권을 존중해 책을 선택하는 것이 좋다.

독서가 놀이가 되는 아이도 있지만 숙제가 되는 아이들도 많다. 아이들이 책을 즐기기 위해서는 책의 내용과 형식만으로는 충족되기 힘들다. 책의 내용을 상호작용하며 대화하고 질문하고 답하는 활동이 필요하다. 책을 읽거나 내용을 들어서 느끼는 아이들의 생각, 감정, 흥미와 새롭게 아는 것 등을 인정해주어야 한다. 책의 내용에서 아이들이 가장 호기심을 느끼는 것이 무엇인지 질문해보고 책을 읽는 것에 부모가 직접 참여해서 함께 한다는 생각을 가지도록 하는 것이다. 책에서 들었고 묘사되어 있는 상황을 실제로 경험하게 하거나 관찰할 수 있도록 하면 책과 머릿속에서 느껴지는 것이 구체화되거나 새로운 관점이나 측면을 스스로 발견하게 된다. 머릿속 세상과 현실을 연결하고 제3자의 위치에서 비교하며 그 결과를 스스로 피드백한다.

이렇게 아이들은 책에서 만난 것을 직접 현실에서 다시 만나면서 학습 능력과 작업기억 그리고 메타인지 능력을 키워나간다. 즉, 내가 무엇을 알고 모르며 새롭게 알아야 하는 것이 무엇인지를 스스로 알게 되는 것이다. 그래서 스스로 아는 것을 확장, 수정, 변화시키고 발전시켜 나갈 능력을 키워가게 된다. 가끔씩 아이들은 책에서 보거나 들었던 내용을 그대로 재현하면서 놀고 있는 것을 볼 수 있다. 직접 성을 만들고 공자나 왕자가 되고 의상을 꾸미기도 한다. 이때 아이들은 정서를 활용하고 깊이 몰입한다는 것을 알 수 있다. 아이들의 뇌를 긍정적으로 만들고 오래 기억하는 시스템으로 만드는 과정이라고 볼 수 있다.

세상을 살아가면서 한계를 넘어 다른 사람과 세상을 만나고 시대의 생각을 넘어설 수 있는 것은 독서만한 것이 없다. 스쳐가는 정보에서 얕아지는 생각의 길이를 넓고 깊게 만들 수 있는 가장 현실적인 방법도 독서다. 독서 습관은 아이들이 원하는 만큼 자신의 세계를 넓혀 갈 수 있는 힘, 스스로 자신의 세상을 만들어나갈 수 있는 능력을 길러 준다.

● 흥미 있고 즐거운 책은 수준에 맞는 책이다

무조건 책 읽는 것을 강요하는 것은 책을 멀리하게 만든다. 아이의 수준에 맞는 흥미 있는 책이 이해하기 쉽고 책을 즐기도록 만들어준다. 무엇보다 이해하는 독해의 수준을 넘어 책의 내용을 통해 자신의 느낌과 생각을 가지게 되는 것이 중요하다. 수준에 맞는 책이란 아이들의 이해와 독해 능력에 맞기도 하지만 호기심과 관심을 보일 수 있고 상상할 수 있는 책을 말한다.

● 아이들에게 독서의 선택권을 주고 함께하자

아이가 책을 읽고 즐겁기 위해서는 아이가 직접 책을 고를 수 있는 기회를 주어야 한다. 그래야 책에 대한 애착이 커지고 의미부여가 잘된다. 또한 책을 읽어줄 때는 부모도 즐거워야 한다. 그런 즐거움을 느끼는 부모의 모습을 보여주는 것이 가장 좋은 독서 교육이다.

아이들에게는 책 읽도록 강조하지만 정작 부모들은 책을 읽지 않는 경우가 많다. 각자 독서를 마친 뒤 서로 읽은 책에 대해 이야기하는 것은 나이에 상관없이 실천할 수 있는 활동이다.

## ● 책의 내용으로 질문하고 상호작용한다

부모가 책을 읽어주고 서로 독서를 하면 일상에서 일어나는 일을 책의 내용과 연결해 함께 나누기 쉽다. 만약 마당이 있는 집으로 이사했다면 "우리도 나무를 한 그루 심어볼까?《나의 라임 오렌지 나무》처럼 네가 좋아하는 나무가 어떠니?"라고 대화할 수 있다. 서로 같은 내용을 머릿속으로 그려보고 느낀 점이 있기 때문에 공감하기 좋다. 읽은 책 내용에 대해서 "넌 어땠어? 그 부분에서 이상한 것 발견하지는 않았니? 엄마는 이런 생각을 했는데"라고 질문하면서 아이들이 독서 내용에 주도권을 가지도록 하는 것도 좋다.

## ● 걱정 말고 원하는 대로 골고루

독서 지도를 할 때 아이들의 성향을 최대한 존중해주는 것이 책과 지속적으로 친해지게 하는 방법이다. 그림이나 만화만 보려고 한다면 너무 걱정하지 말고 보도록 하면서 글자가 많아지는 책을 조금씩 늘려 가면 된다. 시간 차이는 있지만 자연스럽게 글씨가 많은 책에도 익숙해진다. 특정 캐릭터나 분위기만 고수한다고 걱정하지 말고 지지해주면 길지 않은 시간에 또 다른 다양한 주제와 대상으로 바뀌게 되어 있다.

독서를 통해 유능해지고 즐거워하는 자신을 느끼는 것이 중요하다. 아이들의 선호가 다르기 때문에 재미와 감동이나 지식이나 학습 차원의 책도 아이들이 원하는 것을 주로 하고 골고루 섞어서 읽어주고 제시하는 것이 좋다. 기준은 아이들이다.

# '엄마가 좋아하는 것이라면
# 나도 좋아'

| 전전두엽을
| 활성화시킬 기회

어떤 아이들은 스스로 알아서 잘하고 어려운 상황도 잘 참으며 목표를 달성하는데 어떤 아이들은 쉽게 지치고 포기하기도 한다. 많은 이유가 있겠지만 스스로 동기를 부여하는 능력이 다르다는 것이 핵심이다. 그리고 이런 능력은 부모의 기대와 열망, 양육 스타일과도 관련 있다. 부모의 가치와 기대, 열망은 아이들을 대하는 태도와 상호작용하는 방식에 영향을 주고 아이들이 자신의 동기를 활용하는 뇌에도 영향을 미친다.

감성지능에는 자기동기부여 능력이란 것이 있다. 스스로 의미와 가치를 느끼며 행동할 수 있는 능력을 말한다. 자기동기부여 능력이 높은 사람은 어려운 일을 잘 극복하고 자신이 원하는 일에 몰입하면서 끈기 있게 끌고 나갈 수 있는 특징을 가진다. 놀이든 공부든 스스로 동기를 만들어갈 수 있으려면 자기 인식과 자기 조절 능력이 필요하고 목표를 느끼고 그것을 달성하기 위해서는 자신의 주의를 조절할 수 있어야 한다. 자기 동기부여 능력과 관련이 있는 주의의 집중과 충동의 조절, 목표와 의미 찾기, 계획과 실행 등은 모두 전전두엽의 발달을 필요로 한다. 자기동기부여는 즉각적인 쾌감과 즐거움에 의해 움직이는 것이 아니라 의식적으로 판단하고 조절된 동기이기 때문이다.

자기동기부여 능력을 가지고 있는 아이는 주변의 환경에서 이런 전전두엽을 활성화시킬 수 있는 기회가 많았다고 할 수 있다. 원하든 아니든 부모나 양육자는 그들의 태도와 행동뿐만 아니라 무엇을 기대하고 열망하는지도 아이들에게 영향을 준다. 아이들이 부모와 어떻게 상호작용하느냐는 아이들이 자신의 동기를 느끼고 활용하는 데 가장 큰 영향을 미친다. 부모가 가지는 기대와 열망, 욕구는 아이들과 상호작용하면서 무의식적으로 영향을 주고 아이들의 기대와 열망을 만드는 동기에도 영향을 미칠 수밖에 없다.

## 엄격함 속에서 자라면
## 돈과 명예에 집착한다

어머니와 자녀를 14년 동안 추적 조사한 연구 결과에 의하면 아이들이 추구하는 열망은 어머니의 열망과 양육 스타일과 관련이 높았다. 부, 명예, 신체적 매력과 같은 외적 열망에 치중하는 아이들은 통제와 엄격함 속에서 자율성을 보장 받지 못하는 어머니 밑에 자란 경우가 많았다. 반면에 자기능력의 확장, 자율성, 관계에 대한 내적 열망을 추구하는 아이들은 헌신적이고 자율성을 존중하는 어머니에게 양육된 경우가 우세했다.

동기 면에서 보면 외적 열망은 쉽게 사라지고 반응적인데 비해 내적 열망은 오래 지속되고 가치기반의 조절을 더 필요로 한다. 뇌의 균형과 자기동기부여 능력을 높이기 위해서는 내적 열망을 높일 필요가 있다. 특히 통제와 엄격함을 위주로 키울 경우 타인의 규칙과 가치를 무비판적으로 받아들여 자신의 가치로 착각하는 내사introjection의 가능성도 높다. 자신의 진정한 욕구가 무엇인지 모르고 불안과 두려움, 내면적 갈등을 일으키기 쉽다. 또한 자신의 존재 가치를 특정 결과와 결부시키는 자아 관여ego-involvement 현상이 나타나기 쉽다. 공부를 잘했을 때나 명예나 특정 신체적 매력을 달성했을 때만 자신의 가치를 인정하게 된다. 결국 내면적 동기를 훼손하고 자기존중감과 유연한 사고, 창의성을 떨어뜨리는 결과를 초래할 수 있다. 리처드 라이언Richard Ryan 등 동기를 연구하는 학자들에 의하면 내적 열망을 추구하는 사람들은 행복감과 삶의 만족도가 높고 활력 있을 뿐 아니라 살아가면서 불안감과 우울증도 줄어들었다고 한다.

## 내적 가치와
## 외적 가치

부모의 기대와 열망은 아이들의 양육 스타일과도 영향을 미칠 수밖에 없다. 외적 열망을 지나치게 중시하는 부모는 아이들을 엄격하게 대하고 통제하려 하기 때문에 애정을 가지고 온정적으로 대하기 어렵다. 이런 환경에서 아이들은 자신의 동기를 느끼고 자신의 의미와 가치에 따라 행동하기 보다는 통제와 규칙에 길들여지기 쉽다. 스스로 자신의 동기를 느끼고 목표를 가지고 조절하는 뇌가 발달할 기회를 잃어버릴 수 있다.

무조건 엄격하고 통제하는 것이 나쁘다고 이야기하는 것은 아니다. 외부로 드러나는 부, 명예, 신체적 매력 등의 결과에 지나치게 집착하면 아이들을 통제하고 엄격하게 대하기 쉽다는 의미다. 이것은 아이들이 스스로 의미를 찾고 동기를 부여하는 것을 방해할 수 있다는 것이다.

한국에서도 아이들의 성장과 발달에 영향을 미치는 요인을 10년 간 지속적으로 연구하는 프로젝트가 진행 중이다. 이런 관련 연구들을 살펴보면 온정적이고 통제성이 낮은 자유방임형 보다는 애정과 온정성을 가지면서 적절한 통제성을 보이는 것이 아이들의 발달에 유리하다. 온정적이지 못하고 통제성만 높은 경우는 아이들이 감정을 인식하고 표현하고 조절하는 능력이나 사회성이 부족하고 내적인 갈등이 심하게 나타났다. 특히 아빠는 통제성보다는 온정성이 높을 때 아이들이 잘 발달했고 문제 행동도 적게 보였다. 엄격하고 명확한 통제도 필요하지만 애정을 가진 온정적인 부모의 태도가 중심이 되어야 한다.

아이들이 스스로 의미와 가치를 느끼며 끈기 있게 목표를 성취해 갈 수 있도록 하려면 자기동기부여 능력을 키워주어야 한다. 자기동기부여 능력은 그냥 만들어지는 것이 아니라 부모와 어떻게 상호작용하느냐에 따라 달라진다. 자기 능력을 인식하고 자율적으로 결정하도록 하며 여러 관계에서 공헌하고자하는 내적 가치를 중요하게 추구할 때 만들어진다. 이런 내적 가치를 추구하는 과정을 통해 자기동기부여 능력을 발휘하도록 하는 뇌를 발달시키고 활성화시킬 수 있기 때문이다. 다시 강조하면 부모의 가치, 기대, 열망은 아이들을 대하는 태도와 상호작용하는 방식에 영향을 미치고 아이들이 동기를 활용하는 뇌에도 영향을 미친다. 결국 아이들의 삶과 행복에도 영향을 미친다.

● 스스로 선택하고 행동하도록 하자

아이들이 항상 합리적인 선택을 할 수 없지만 스스로 선택할 수
있는 기회를 주면서 조절할 수 있는 능력을 키울 수 있다. 아이들에
게 선택권을 주었을 때 합리적인 선택을 못한다 해도 조절하고 판
단할 수 있는 능력은 키울 수 있다. 이것은 하고, 저것은 하지 말라
고 지시하는 것보다는 "어떤 것을 할래?" "어떻게 할래?" "이거하고
싶어? 아니면 저거 하고 싶어?" 등 항상 아이들이 선택하고 결정할
수 있는 기회를 줄 때 아이들은 자신의 동기를 느낀다. 그리고 의식
적으로 조절된 동기를 활용할 수 있는 뇌를 키울 수 있다. 여기서
중요한 것은 '아이들이 선택하고 결정하는 것이 상황과 여건에 맞
도록 범위를 정해주는 일'이다.

● 미션과 목표를 제공하여 행동을 유도한다

아이들이 게임 형식을 좋아하는 것은 목표가 명확하고 그 목표

를 중심으로 움직일 때 동기가 살아나고 재미있기 때문이다. 목표가 제공되면 주의를 집중하고 조절하기 쉬워진다. 놀이에 지구력이 없는 아이에게 "우리 ○○이, 블록을 몇 층까지 쌓아볼까?"라고 목표를 제시하거나 집에 가기 싫어하는 아이들에게 "집 입구까지 몇 걸음 만에 달려서 갈 수 있는지 알아볼까?"처럼 미션을 제시하는 식이다. 즐겁게 조절하며 자신의 동기를 키워갈 수 있다.

## ● 자기 능력의 변화에 흥미를 가지도록 한다

사람은 누구나 어제보다 오늘 점점 자신의 능력이 나아지기를 원하고 능력이 확장되고 있다는 것에 즐거움을 느낀다. 어떤 성취든지 자신의 능력이 조금씩 변화되어온 결과라고 느낄 때 즐거움을 느낀다. 놀이나 공부, 운동 무엇이나 주의를 집중하여 관찰하면 그 차이를 알아차릴 수 있다. 외부나 다른 사람과 비교하고 경쟁하기보다는 자기 자신과 비교하면서 나아지고 있다는 것을 확인할 수 있도록 도와줄 때 동기와 주도성이 길러진다. 양적인 변화나 질적인 변화, 새로운 시도나 방식 등 능력의 차이는 다양하게 확인할 수 있다. 단지 아이들이 변화를 확인할 관점을 세우는 일만 부모가 도와주면 된다.

## ● 스스로 문제를 해결할 때의 기쁨을 공유하자

아이들이 스스로 문제를 발견하기 전에 부모가 문제를 찾아서 해결해주면 편리하겠지만, 아이들의 동기나 조절 능력이 발달하기 힘들다. 아이들이 발달할 기회를 빼앗으면 안 된다. 아이들이 문제를 해결하기 위해서 계획하고 실행할 방법을 찾을 수 있도록 기회와 시간을 주자. 이런 과정에서 느끼는 동기와 성취감은 더욱 크다.

결과에 대해 단순히 칭찬하는 것보다 스스로 문제를 해결했을 때 함께 기뻐해주는 부모의 영향력이 더 크다. 어려운 문제는 스스로 해결할 수 있도록 범위를 제시하거나 아이들 수준에 맞는 환경을 만들어주면 된다. 혼자서 완전히 할 수 없는 것이라면 어려운 부분은 부모가 완성해주고 나머지를 스스로 해결할 수 있도록 해주는 식이다.


## ● 타인을 도와주면서 관계의 주인공임을 느낀다

아이들에게 다른 사람을 도와줄 수 있는 기쁨을 주자. 아이들이 할 수 있는 범위 내에서 도움을 요청하고 고마움을 표현해보자. 아이들과 함께 봉사활동을 하면서 행복해하는 모습이나 타인을 도울 때의 가치와 의미를 고백해보자. 성취를 통한 만족도 자존감이나 동기를 위해서 중요하지만 다른 사람을 도와주며 관계 속에서 공헌하고 있다는 아이들의 존재감은 평생 활력과 자기 동기의 발전소가 될 수 있다. 다른 사람을 도와준다는 것은 자신과 타인의 입장이나 상황을 함께 고려하며 조절해야 하기 때문에 보다 고차원적인 뇌의 조절이나 발달에도 도움이 된다.

## ● 다양한 동기와 만족이 있다는 것을 경험하게 한다

좋은 것을 구매하고 소유하는 것이나 다른 사람보다 잘해서 인정받는 기쁨도 있지만 스스로 결정하고 목표를 만들어 끈기 있게 노력할 때 더 큰 즐거움과 기쁨이 있다는 사실을 알려주자. 놀이든 집안일이든 부모가 먼저 도전하고 그것을 위해 공을 들여서 완성한 일에 뿌듯함과 즐거움을 느끼는 모습을 보여주자. 그리고 아이들과 함께 할 것을 제안해보자. 계획하고 설계하고 조절하면서 뭔가를 만들어가는 과정에서 가치와 의미를 느낄 때 더 큰 즐거움과 쾌감이 존재한다는 경험을 나눠주자. 보다 지속적이고 강력한 만족을 만들어내는 전두엽의 동기 시스템을 활성화시키는 방법이다.

# 생각과 마음이
# 자라는 시기

# 뇌를 두드리는
# 신체 활동

## 운동에
## 투자하고 있는가

요즘 아이들은 과거에 비해서 몇 배 많은 학습을 한다. 그렇다고 꼭 능력이 우수해졌다고 볼 수 없다. 오히려 참을성이 모자라고, 집중력이 떨어지거나 산만하고, 감정조절력이 떨어지거나 사회성이 부족한 경우를 걱정하는 지적도 많다. 조기 교육의 열풍으로 인지적 학습이 늘어나고 앉아서 보내는 시간이 많아지다 보니 아이들에게 운동이 부족해져이런 현상이 발생한다. 마음껏 움직일 수 있는 공간도 부족하다.

학습이 그릇에 무엇을 담는 과정이라면 운동은 그 그릇을 만드는 과정이다. 그릇은 고려하지 않고 무조건 담으면 흘리거나 넘쳐버리기 마련이다. 공부를 잘할 수 있는 몸과 마음의 상태를 만드는 것이 운동이다. 운동은 뇌의 발달과 활성화에 기여하는 가장 근본적인 요인이다. 뇌의 발달은 체력, 사고력, 판단력, 정서 지능, 인성과 직접적으로 연관되어 있다. 수업을 하기 전에 체육 활동을 실시한 아이들에게서 읽고 쓰는 능력이 향상되는 현상을 발견했다는 연구 결과가 많고 세간에도 자주 이슈로 떠오르고 있다. 운동이 공부에 방해되는 것이 아니다. 오히려 운동이 공부의 선결 조건이고 행복과 인성을 위한 가장 확실한 투자라는 사실을 받아들이려면 운동이 뇌에 미치는 영향을 이해할 필요가 있다.

## 뇌를 먹어치우는
## 우렁쉥이

운동을 하면 신체가 건강해지는 것은 물론이지만 뇌를 발달시켜 기억과 학습 및 판단력도 좋아진다. 특히 아이들에게 운동은 공부를 잘하기 위한 기초 시스템이라고 볼 수 있다. 운동은 체력이기 보다 뇌력을 위한 것이다. 뇌가 있고 뇌가 정교하게 발달되었다는 것은 바로 움직임이 존재하고 정교하다는 의미다. 정교한 움직임에 의해 뇌는 발달하고 뇌가 발달되어야 정교한 움직임이 가능하다.

　움직임이 없는 것은 뇌를 필요로 하지 않는다. 멍게라고도 부르는 동물 우렁쉥이는 처음 수정되었을 때 뇌를 가지고 있다가 정착할 곳을 찾고 나면 뇌를 먹어치운다고 한다. 움직임과 운동이 불필요해졌기 때문이다. 정교한 움직임을 위해서는 주의, 지각, 정서, 동기, 상상, 기억, 비교하고 평가하는 시뮬레이션, 억제와 선택 등의 복잡한 뇌 기능을 즉각적으로 수행할 수 있어야 한다. 그래서 운동을 하면 뇌가 활성화되고 시냅스가 정교하게 연결되면서 발달하게 된다. 뇌의 발달에 운동과 움직임은 절대적으로 중요하다.

## 하루 종일 머리만 쓰면 똑똑해질까

　뇌는 정신 활동과 밀접한 연관을 가지지만, 동시에 신체와도 당연히 연결되어 있다. 손이 떨리거나 근육이 굳는 파킨슨병이나 신체 부위가 의도와 무관하게 움직여지는 무도병과 같은 운동장애는 대부분 인지적이고 정서적인 손상을 함께 동반하는 것만 봐도 알 수 있다. 정서적이고 인지적 장애로 알려진 강박충동장애OCD, obsessive-compulsive disorder와 투렛 증후군Tourette syndrome, 집착과 강박이 운동장애인 틱과 함께 혼합된 증상도 운동성 장애의 성격을 함께 띠고 있다. 정서적이고 인지적인 문제이지만 신체적 문제를 함께 수반하는 경우다.

책상에 앉아 일이나 연구에만 몰두하는 직장인과 학자들이 의외로 치매에 잘 걸린다는 연구 결과가 있다. 머리를 많이 쓰는 사람들이니 이런 질병과는 거리가 멀 것 같지만 그렇지 않다. 뇌는 새로운 자극을 좋아한다. 새로운 자극을 만나면 그 자극을 처리하면서 신경세포 사이에 새로운 연결이 만들어진다. 그런데 앉아서 일만 하느라 운동량이 적을 경우 이런 반응이 줄어든다. 책상 앞에서 마냥 공부만 하는 것보다 다양한 활동을 통해 새로운 체험을 하는 것이 뇌 발달에는 훨씬 좋다는 의미다.

운동을 하면 기본적으로 뇌신경 성장유도인자인 BDNFbrain derived neurotrophic factor를 활성화시킨다. 신경세포가 잘 자랄 수 있도록 도와주는 촉진제, 영양분이라 생각하면 되는데, 신경세포들 사이의 시냅스 근처에 있다가 혈액순환이 빨라지면 방출된다. 뇌신경이 잘 발달하고 건강해야 학습과 인지적인 판단도 잘 된다. 특히 뇌가 발달하는 시기에는 특히 이런 자양분이 원활히 공급되어야 뇌신경이 발달할 수 있다. 운동이 바로 이런 자양분을 공급하는 역할을 한다.

운동은 장기기억을 담당하는 것으로 알려진 해마의 새로운 세포 생성을 돕고 해마를 건강하게 유지시키기 때문에 기억력이 좋아진다는 연구결과가 있다. 해마가 커지고 뇌의 산소 공급량과 혈관의 숫자

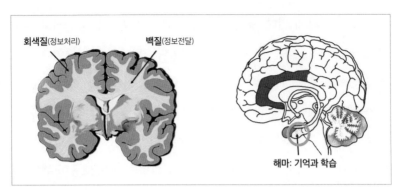

**회백질과 백질, 해마**

뇌의 회백질과 백질이 증가한다는 것은 정보처리와 전달이 빠르고 효율적으로 수행된다는 것이다. 그리고 해마는 기억과 학습을 담당하는 부위다.

도 늘어난다. 치매 위험을 높이는 'ApoE4'라는 변이유전자를 지닌 사람이라도 운동을 많이 하면 기억기능을 지킬 수 있다는 보고도 있으며, 운동을 하면 전두엽이 커진다는 연구도 있다. 우리 뇌는 생각을 하고 정보를 처리하는 회백질과 정보를 전달하는 백질로 나뉘어져 있는데 운동을 하면 이런 회백질과 백질이 늘어나기 때문이다. 운동을 하면 뇌가 좋아진다는 말은 이래서 가능하다. 뇌가 효율적이고 빠르게 처리하는 능력을 가지게 된다. 공부를 잘하기 위해서 인지적인 학습에만 욕심을 낸다면 그릇은 생각하지 않고 넘치도록 뭔가를 채우는 것과 같다.

당연하겠지만 운동은 뇌 속의 혈류량을 증가시킨다. 운동을 하고 뇌혈관을 관찰하면 보다 세밀하고 뚜렷하게 관찰되고 뇌로 가는 혈액의 양도 늘어나게 된다. 운동을 하면 뇌혈관이 새롭게 생성되고 산소의 공급도 늘어난다는 것을 확인할 수 있다. 또 운동은 집중력과 침착성을 높이고 충동성을 낮춰 우울증 치료제를 복용하는 효과가 있다. 운동을 하면 행복감을 만드는 세로토닌뿐만 아니라 활력, 동기 부여, 행동 조절에 관여하는 도파민을 증가시킨다. 물론 뇌의 연결성이 개선되어 뇌를 전체적으로 활용하고 균형을 이루는 데도 도움이 된다.

## 공부만큼
## 운동도 전략적으로

인지적 성과, 학습의 성과를 원한다면 운동을 해야 한다. 단지 몸을 튼튼하게 하는 것이 아니라 우리의 뇌를 튼튼하게 해서 신체, 정서, 인지적으로 더 건강한 삶을 만들 수 있다. 몸을 쓰는 것이 항상 먼저라는 것이다. 마음이나 말을 잘 듣지 않으면 "먼저 몸으로 들어가라"는 말이 해답이 될 수 있을 것이다. 다양한 운동을 하되 의도적이고 정교한 움직임을 시도하는 것도 뇌 발달에는 참 좋은 방법이다.

인지적 학습에 너무 치중하거나 조건부 경쟁을 통한 자극을 과도하게 주면 뇌는 편중되게 자란다. 그래서 공부는 잘하는데 교우관계에 흥미가 없다거나 전체를 보는 능력, 공감 능력이 부족한 경우가 생긴다. 이때는 다양한 경험과 신체적 활동으로 편중된 뇌의 균형을 맞추어야 한다. 스스로 의미를 가지고 운동을 하는 것도 좋은 방안인데, 몸 전체를 사용하는 수영이나 자전거 또는 태권도 등이 뇌에 긍정적인 자극을 준다. 팀을 이뤄서 공간을 이동하고 협력하는 운동, 다시 말해 주로 공을 이용한 놀이도 뇌의 균형을 바로잡는 데 효과적이다.

운동을 할 때는 항상 즐겨 잘 쓰는 부위보다는 잘 사용하지 않는 부위를 활용하고 그 자극들과 상호작용하는 일도 좋을 것이다. 뇌체조나 저글링과 같이 생소하면서도 정교함이 요하는 움직임도 효과적이다. 동작은 간단하지만 왼손잡이가 오른손을 사용하는 것처럼 의도적으로 뇌의 균형을 만들도록 한다. 그리고 움직임은 상상만으로도 뇌의 연결된 부위가 활성화된다. 그래서 운동선수들은 그 효율성과 정교성, 편리성 때문에 이미지 트레이닝을 하기도 한다. 그러니 상상을 통한 운동도 몸이 불편한 사람에게도 도움이 되고 정상적인 사람에게는 재미있는 경험이 될 수 있을 것이다. 공부 잘하기를 바라면서 운동하는 시간을 아까워한다면 속고 있는 것이다. 빙산의 위만 보고 아래를 보지 못하는 것이고 밑 빠진 독에 열심히 물 붓고 있는 것이다.

### ● 달리기, 줄넘기… 무엇이든 시작하자

공부에 대한 욕심이 있는 만큼 운동에도 관심을 가지자. 공부라는 목적을 효과적으로 달성하기 위해서 운동을 하는 것이다. 적은 시간이도 꾸준히 집이나 환경에 맞는 운동을 찾아보자. 가벼운 달리기, 줄넘기, 요가, 태권도 등 아이들의 기질에 맞고 일상의 활동과 연결되는 운동을 아이들과 함께 찾아보자.

### ● 어릴수록 운동은 재미있는 놀이로 접근하라

운동이 재미있으려면 게임 형식이나 아이들의 수준에 맞는 것이어야 한다. 그리고 함께 해야 한다. 단순히 공을 주고받으며 점수를 내고 조금씩 점수가 올라가는 등 도전감을 가지며 재미를 느낄 수 있는 점을 만들어주는 것도 좋다. 아이들에 따라 좋아하고 재미있어 하는 운동이 다르기 때문에 욕심내지 말고 즐길 수 있는 운동을 찾아주는 것이 중요하다.

## 🔍 태권도를 배울지 검도를 배울지는 아이가 택해야 한다

특정 운동이 어떤 측면에서 좋다며 무작정 학원을 보내는 것보다는 아이들이 원하는 운동을 할 수 있게 지원해줄 때 적극적으로 임하게 된다. 그래야 자신의 몸 상태에 맞게 조절해가며 도전감을 가지고 지속할 수 있다. 다시 한 번 강조하지만 원할 때 자발적으로 하는 운동이 가장 적합한 운동이다.

## 🔍 다양한 자극이 있는 운동

춤, 에어로빅 등과 같은 운동은 많은 사람들이 음악에 맞춰서 순서를 지켜야 하는 운동이다. 다양한 운동 가운데 춤이 뇌에 가장 좋다는 연구도 있다. 춤을 추면서 엔도르핀과 세로토닌과 같은 호르몬이 방출되기도 한다.

## 🔍 운동이 가져다주는 도전감

산책, 숨바꼭질, 나무 오르기 등 모두 좋은 운동이지만 롤러스케이트처럼 해보지 않았던 운동에 새로 도전할 수 있도록 도와주자.

이렇게 도전감을 느끼게 되면 아이는 반드시 다음 동작에 대해 직접 의사표시를 한다. "저기까지 가볼래요" "혼자서 해볼래요" "저기 올라가 볼래요"처럼 스스로 행동을 설계하고 목표를 만들어가는 운동은 좋은 운동이다. 부모가 함께해주면서 관찰하고 편안하게 할 수 있도록 지원만 해주면 된다.

## ● 지구력과 균형감을 키워주는 운동

암벽 등반과 같이 근지구력을 유지하고 조절하는 운동이나 서핑과 같이 균형을 유지하는 운동은 운동 자체의 효과와 함께 자기인식 능력, 조절 능력과 전반적인 뇌의 균형과 전두엽의 통합적인 조절 능력을 키워주는 효과가 있다. 물론 나이에 따라서 기어오르기, 나무타기, 외나무다리 걷기, 외줄 타기 등도 같은 효과가 있다.

# 수면 부족은
# 학습의 적

## 많이 자는 것보다
## 효과적으로 자는 것

　과거에는 잠을 아껴서 공부하는 것이 열심히 하는 것이라고 착각하는 경우가 많았다. 하지만 요즘에는 잠의 중요성을 아는 사람들이 많은 것 같다. 그래도 아이들을 키우면서 잠과의 전쟁은 반복되는 어려움 중 하나다. 모든 가정의 환경이 다르기 때문에 어떤 공식을 만들기보다는 학습과 일상에 잠의 중요성을 알고 환경에 맞게 대응하는 것이 중요하다. 부모의 욕심에 아이들의 잠을 줄이는 환경을 만들지 말고 되도록 충분한 숙면을 취할 수 있도록 도와주어야 한다.

잠은 몇 시간 자는 것이 중요한 것이 아니라 숙면을 취하는 것이 중요하다. 잠은 아침에 일어나 빛을 감지하는 시간에 의해서 순환된다. 늦게 일어나면 늦게 잠들게 된다. 외부의 자극이 강하거나 걱정이 많으면 잠이 오지 않고 늦게 잔다. 그러면 늦게 일어날 수밖에 없다. 기준은 일어나야 할 시간을 정하고 정확히 일어나도록 하는 것이다. 일찍 일어나면 외부의 특별한 자극이 없는 한 일찍 잘 수 있다. 공부를 위해 잠을 줄이는 것도 문제지만 몇 시간 자야 한다는 공식에 얽매야 잠을 재우기 위해서 실랑이를 벌이는 자극이 또한 문제다. 어쨌든 잠의 중요성을 알고 가정의 환경에 맞춰서 잠을 챙기는 지혜가 필요하다.

잠은 뇌의 발달과 균형을 위해서 절대적이다. 그래서 신체적, 정서적 건강과 연결되고 삶의 질과도 연결된다. 인간은 잠을 통해서 뇌를 활성화하고 그 능력을 향상시켰다. 그래서 수면은 신체적 건강은 물론 기억, 정서, 창의성에 아주 중요한 차이를 만들어낸다. 잠을 자는 동안 우리의 뇌는 잠을 자지 않는다. 잠을 자는 동안 낮에 기억한 것을 강화하고 기존의 기억들과 시뮬레이션하면서 기억을 구조화한다. 잠을 자는 동안 병원균을 제압하고 독성 물질을 제거하는 등 면역과 해독으로 신체의 항상성을 높였다. 세포 단위에서는 손상된 세포를 제거하고 돌연변이를 방지하고 멜라토닌이 암을 억제하는 등 낮 시간에 스쳐지나갈 수밖에 없었던 일들을 꼼꼼하고 차근차근 진행시킨다.

학습한 뒤에 충분한 수면을 취한 사람들은 그렇지 않은 사람들보다 학습한 내용을 더 오래 더 잘 기억한다. 또 다른 연구를 보면 깨어 있는 사람에게 약을 먹여 뇌의 화학적 상태를 잠들었을 때와 비슷하게 만들어주면 약을 먹기 진전에 공부한 내용을 더 오랫동안 기억할 수 있었다. 잠자는 동안 뇌는 깨어있을 때 학습한 내용을 복습하고 이해하기 쉬운 형태로 재구성하는 등 여러 가지 화학물질로 기억을 오랫동안 정착시키는 '응고화'를 돕는다. 잠이 어떤 역할을 하는지 좀 더 자세히 살펴보자.

## 열심히 공부하고
## 잠을 자지 않는다면

열심히 공부하고 잠을 적게 잔다는 것은 학습을 소용없게 만들겠다는 의미다. 우리가 잠을 자는 동안 단기기억의 단백질이 응고화memory consolidation 과정을 거치면서 안정적이고 확고한 장기기억으로 형성된다. 아무리 학습을 잘해도 이런 응고화 과정을 거치지 못하면 진짜 기억인 장기기억으로 강화되지 못한다. 잠을 잘 자지 못하면 장기기억을 담당하는 해마의 활동이 급격히 떨어진다. 쥐 실험에서도 잠을 자지 않는 쥐는 해마의 줄기세포에서 신경세포의 생성이 현저하게 떨어지는 것을 관찰할 수 있다.

잠을 자는 동안에 견고한 기억의 응고화 과정과 더불어 다른 기억들과의 구조화, 의미부여 등 연결 작업이 이루어진다. 그런데 잠을 잘 자지 못하면 이런 활동들이 원활하지 못해서 장기기억으로 굳혀지지 못하는 것은 물론 충격과 더 자극적인 정보에 밀려 기억이 쉽게 끊어지고 잊힌다. 그래서 양적으로 많은 학습과 기억을 했다고 하더라도 아무 소용없어지게 된다. 벼락치기 공부가 길게 가지 못하거나 다른 기억들과 연관되어 응용력을 발휘하지 못하는 것은 이런 이유 때문이다. 기억을 하는 것이 중요한 것이 아니라 기억을 끄집어내는 인출이 중요하다. 잠을 자지 못하면 기억을 꺼내는 능력이 저하되고 기억들 간의 연결성도 떨어진다.

## 불안의 소용돌이에 빠지다

한 번쯤은 절실히 느껴본 사실이지만, 잠을 자지 못하면 감정 조절이 힘들어진다. 공부하고 학습하는 것보다 감정적 소용돌이에 지쳐갈 수 있다. 수면부족은 감정을 조절하는 전전두엽의 활성화를 떨어뜨려 부정적인 일에 감정적으로 반응하고 감정조절에 큰 타격을 입힌다. 그래서 당연히 수면부족은 정서적 불안을 쉽게 일으킨다.

이런 정서적 불안은 의식적 낭비와 집중을 방해한다. 미국 캘리포니아 버클리 캠퍼스의 연구팀은 잠을 잘 자지 못하면 뇌의 감정중추가 정상에 비해 60퍼센트 이상 과잉 활동하는 것으로 발표했다. 불필요한 감정적 소용돌이에서 허우적거릴 수 있다는 의미다. 수면이 부족하면 잠자는 동안 감정회로가 새롭게 세팅되지 못해 새로운 도전에 나서지 못하게 된다.

## 창의성을 높이려면
## 충분한 수면을 취하게 하라

잠은 창의성을 높이고 풀지 못했던 문제를 풀게 하는 힘을 제공한다. 깨어 있는 동안 뇌는 깊은 생각에 집중하지 못한다. 정보 홍수로 깊이 구조화되지 못한 정보들을 잠을 잘 때 연결하고 새로운 연관 관계를 만들면서 새로운 아이디어와 창의적인 착상을 만들어낸다. 초등학교 6학년을 두 그룹으로 나눠 첫 번째 그룹은 한 시간 일찍 잠들게 하고 두 번째 그룹은 한 시간 늦게 자게 한 실험이 있었다. 이는 이스라엘의 텔아비브 대학 아비 사데Avi Sadeh 박사의 연구로, 잠을 덜 잔 그룹은 기억력과 문제해결 능력이 4학년 수준으로 감퇴하고 뇌의 활성 수준이 현저히 낮아졌다는 것이다.

옥스퍼드 대학의 러셀 포스터Russell Foster 교수는 여러 연구를 통해 부족한 잠은 뇌의 창의성을 위축시키고, 숙면은 문제에 대한 새로운 해결책을 만들어낼 가능성을 높인다고 말한다. 짧은 낮잠만으로도 단순한 기억뿐만 아니라 응용하고 새로운 아이디어를 만들어내는 창조력 등 뇌의 전반적인 활동이 증진된다는 연구는 수없이 많다.

## 학습 의욕과
## 효율성의 문제

무엇보다 잠은 면역을 비롯한 건강과 직결된다. 잠을 자는 동안 수의근은 마비가 되고 휴식과 재생을 통해 몸을 건강하게 유지하는 작업을 수행한다. 성장호르몬이 분출되고 백혈구를 형성하며 피부의 재생 활동과 노폐물 방출, 영양분의 공급이 원활하게 된다. 숙면은 심박과 혈압을 낮춰서 심장이 쉬도록 한다. 잠을 자지 못하면 심장마비와 뇌졸중의 원인이 되는 혈중 단백질 농도가 높아진다. 숙면은 염증 반응을 줄이고 당뇨병의 위험도 낮춘다.

미국 클리블랜드 케이스 웨스턴 리저브 대학의 산제이 파텔Sanjay Patel 박사는 부족한 잠이 염증성 질환의 빈도를 높이고 염증성 상태를 촉진시킬 수 있다는 사실을 발표했다. 수면의 부족은 코티졸과 아드

레날린과 같은 스트레스 호르몬을 활성화하는데 이러한 호르몬은 혈당을 조절하는 인슐린의 효율성을 떨어뜨려 당뇨병을 가중시킨다고 한다. 그러니 잠은 생체조직의 균형과 건강을 위해서 우선순위가 가장 높은 인간 활동인 것이다.

## 생체 리듬과 빛

우리 몸에는 생체시계라는 것이 있어 각성과 수면의 리듬을 조절하도록 되어 있다. 우리 뇌의 시교차상핵이라는 것이 망막을 통해 들어온 빛을 감지하여 생체리듬을 생성하고 그 리듬에 맞춰서 자연스럽게 각성과 수면을 조절한다. 그러니 빛이라는 조건이 수면에는 참 중요하다. 수면은 멜라토닌이라는 호르몬에 의해 직접적으로 조절되는데 빛에 의해 영향을 받아 어두우면 분비되고 빛이 강하면 줄어들게 된다. 멜라토닌은 부교감신경을 활성화하여 맥박, 체온, 혈압을 내려 수면을 돕는다. 아침에 멜라토닌의 양이 줄어들게 되면 각성이 가까워지고 잠에서 깨어나게 되는 것이다.

아침에 일어나 태양의 밝은 빛을 쬐고<sub>이것은 반드시 해보자</sub> 저녁에는 서늘하고 어둡게 하여 멜라토닌의 분비를 원활하게 하는 것이 생체리듬을 건강하게 동기화하는 방법이라고 할 수 있다. 한편 밤에도 조명 때문에 과도한 빛을 쬐는 습관이 우리의 생체리듬을 파괴하여 정신과 육체의 건강을 망친다는 주장이 있는데, 주의 깊게 새겨들어야 할 필요가 있다.

## ● 잠까지 아껴가며 투자해야 할 일이란 없다

잠을 아껴서 공부하면 성실하고 잠을 많이 자면 게으른 것처럼
보았던 시대만큼 어리석은 때는 없다. 야생의 포식자의 위험 속에
서도 잠을 자며 뇌를 발달시켜 먹이사슬 꼭대기에 올라선 개체가
인간이다. 잠은 생존과 성장의 모든 목적 앞에 우선적으로 취해야
할 투자라는 인식이 중요하다.

## ● 당연히 규칙적으로 자는 시간을 정하는 것이 좋다

잠은 빛과 호르몬에 반응하는 몸의 패턴에 영향을 입는다. 그래
서 특별한 경우가 아니고는 자고 일어나는 패턴을 만들어주고 그
패턴을 따르도록 하는 것이 안정적이다. 5~6세든 초등학생이든 10
시간 이상을 자려면 일찍 잠자리에 들어야 한다. 아침 7~8시에 일
어나려면 저녁 9시에 잠자리에 들어도 열 시간 정도가 남는 셈이니
꽤 빠듯하다는 사실을 잊지 말아야 한다.

그렇다고 잠자는 시간의 공식에 너무 얽매여 스트레스를 만들지는 말자. 중요한 것은 아침에 일어나 빛을 감지하는 시간이 중요하다.

## ● 정해진 수면 시간이 있을까

환경과 상황이 모두 다르기 때문에 정확히 정해놓은 수면시간에 얽매일 필요는 없다고 생각되지만, 그래도 몇 시간이나 자야 하는지 궁금해하는 사람이 많다. 그렇다면 2015년 미국 국립수면재단National Sleep Foundation에서 발표한 다음 내용을 참고해보자.

| 연령(만 나이 기준) | 적정 수면 시간 |
|---|---|
| 0~3개월 | 14~17시간 |
| 4~11개월 | 12~15시간 |
| 12~24개월 | 11~14시간 |
| 3~5세 | 10~13시간 |
| 6~13세 | 9~11시간 |
| 14~17세 | 8~10시간 |
| 18~25세 | 7~9시간 |

## ● 아이나 어른이나 잠자는 분위기에 영향을 받는다

　TV를 보고, 놀이를 하고, 운동을 하며 각성되어 있다가 갑자기 잠에 들 수 있는 사람은 드물다. 그래서 일정한 시간에 자려면 분위기를 만들어주어야 한다. 조용하고 은은한 불빛에서 잠들기 시작해야 하고 가벼운 스킨십을 하며 부드러운 이야기를 들려주는 것도 좋다. 분리불안이 있는 어린 아이들은 인형을 안아주거나 담요 등을 안아 보다 안정감 있게 잠자는 의식을 맞춰주는 것도 좋다.

　자극은 줄이고 몸과 마음이 이완할 수 있는 분위기의 패턴을 만들어주면 몸이 잠자는 길에 익숙해지게 된다. 특정 분위기가 잠으로 빠져드는 신호이며 의식이 되기도 한다. 아이들이 좋아하는 잠자리 분위기를 찾고 그런 분위기를 만들어주는 것이 중요하다.

# 스트레스 호르몬이
# 해마 세포를 죽인다

## | 부모 만족 때문에
## | 망가지는 아이들

 과도한 선행학습, 지시와 의무에 의한 학습, 휴식이나 잠의 부족은 아직 뇌가 발달하지 않은 아이들에게 굉장한 스트레스일뿐만 아니라 뇌가 스스로 균형을 잡고 조절하는 능력을 떨어뜨린다. 겉으로 똑똑해지는 아이들을 바라보는 부모의 만족에는 파괴되어 가는 아이들의 뇌가 있다. 아이들은 자신의 한계를 뛰어넘는 스트레스를 잘 구분하거나 조절하지 못한다. 그래서 시키는 대로 하다가 갑자기 엉뚱한 행동을 하기도 한다. 묵묵히 잘하고 있는 듯 보여도 그저 반복된 패턴을 유지하며 반응하고 있을 뿐이다.

조절하는 뇌가 발달하지 못하면 인지적으로 유능한 아이가 감정조절이나 무기력 등 인성이나 건강 쪽으로 이해할 수 없는 반응을 보이기도 한다. 스마트폰, 과도한 조기교육으로 인한 인지적 정보, 지켜야 할 것과 중요한 것이 너무 많은 활동 등으로 아이들의 뇌는 쉽게 과부하를 느낀다. 이때 뇌는 적극적인 발달을 회피하기 시작한다. 장시간의 반복적인 스트레스는 스트레스 호르몬인 코티졸의 분비를 증가시켜 우리 뇌에서 기억과 학습을 담당하는 해마세포를 사멸시킨다. 이뿐만 아니라 신경세포가 발달하지 못하도록 만든다. 뇌라는 그릇을 만드는 시기에 '과부하'는 그릇 자체를 파괴시킨다. 똑똑해 보이는 아이보다 뇌가 정말로 건강한 아이로 성장하는 것이 모든 부모의 바람일 것이다.

## 과부하를 피하기 위한
## 뇌의 시스템

인간의 뇌는 오감으로 들어오는 모든 정보를 처리하지 못하고 중요한 것만 선택해서 처리한다. 사람들은 자신에게 적합하고 중요한 것만 인식하기 때문에 같은 경험을 하고도 서로 다르게 인식하고 기억한다. 뇌가 모든 정보를 다 처리하려고 한다면 아마 마비되거나 기능이 상실될 것이다. 선택한 정보를 중심으로 인식하고 그렇지 못한 내용은 잊어버리는 방식이 우리 뇌가 피로하지 않게 효율성을 높일 수 있도록 선택한 전략이다. 이것이 무엇인가를 인식하고 기억하고 학습하는 가장 기본적 원리다. 많은 정보가 주어진다고 해도 주의를 집중하고 선택한 정보만 인식과 기억에 영향을 미친다.

다시 말해 뭔가를 잘 인식하기 위해서는 불필요한 정보를 제거하고 필요한 정보를 선택적으로 잘 받아들여야 한다는 의미다. 선택적으로 정보를 받아들이면서 우리는 뇌는 효율성도 높이고 과부하의 부작용도 피할 수 있다. 그런데 이런 선택을 하지 못하도록 과도한 정보가 주어진다면 어떻게 될까? 아이들에게 스트레스를 유발하는 과도한 정보는 뇌가 효율적으로 인식하는 시스템을 탈진시키는 일이다.

## | 정보의 홍수 속에서 | 지치는 아이들

중요한 신호가 너무 많으면 아이들의 선택적 주의를 힘들게 한다. 선택적으로 인식하고 주의를 집중시키는 것이 힘들다. 자폐아에게 발생하는 문제의 가장 큰 원인은 감각 정보의 과부하다. 배경이라고 할 수 있는 수많은 정보들 중에서 의미 있는 신호를 선택하여 주의를 기울이는 것이 힘들다. 자신이 감당하기 힘든 정보들이 걸러지지 않고 들어와 자신을 위협하기 때문에 접촉과 상호작용을 극도로 피하게 된다.

아이들이 중요하게 다루어야 할 정보가 너무도 많은데 이를 걸러낼 기준이 모호하다면 선택하기 힘들어진다. 심할 경우 언어, 정서 발달 지체는 물론 앞서 이야기한 자폐 성향으로 이어질 수도 있다. 물론 스스로 집중하고 깊이 몰입하는 패턴도 잃어버리게 된다. 기준이 없어 우유부단하거나 모두 잘하려다 포기하고 말거나 해보기도 전에 지쳐서 탈진해버린다. 과도한 인지적 학습과 과잉정보는 아이들의 뇌로 도박하는 것과 같다.

## 만 12세까지는 '감정의 뇌'가 발달하는 시기

아이들에게 일관성 없이 대하는 것도 아이들의 갈등과 스트레스를 높인다. 어떤 기준에 맞춰 선택할 정보가 불분명해진다는 의미다. 그리고 무작정 생각할 틈도 없이 이것저것 중요하다며 몰아붙이다 보면 스스로 생각하고 판단하여 선택하는 행위를 멈춰버린다. 감당하지 못할 정보 과부하에서 자신이 살아남는 방법이다. 정보 과부하 상태가 계속되면 차츰 호기심은 물론 주체적으로 사고하고 판단하는 능력을 잃어버릴 수 있다. 판단하고 선택하는 것이 아니라 수동적이고 반응적으로 인식하는 데 익숙한 아이로 만든다. 뇌는 스트레스에 취약한데 뇌가 충분히 발달하지 못한 아이들에게 평생의 가능성과 발달을 해치게 되는 치명적인 피해를 입힐 수 있다.

조기교육 열풍으로 과도한 인지적 학습을 강요하다 정서불안, 충동적 행동, 주의 산만은 물론 창의성을 저하시키는 심각한 수준을 초래하는 사례는 수도 없이 많다. 조기교육의 과잉은 뇌 발달을 위협하는데 특히 감정의 뇌가 손상을 입으면 감각과 감정 조절능력이 떨어진다. 감정의 뇌가 손상되면 이성적인 판단과 정상적인 인지를 기대하기 힘들게 된다.

인간의 뇌는 생명활동을 담당하는 파충류의 뇌뇌간와 감정과 기억을 담당하는 감정의 뇌변연계, 판단과 운동을 담당하는 인간의 뇌대뇌피질로 나뉘어져 순서대로 발달하는데 만 12세까지 감정의 뇌가 집중적으로 발달한다. 어릴 때 감각에서부터 차츰 자신의 감정을 읽고 느끼고 표현하는 활동이 중요하다. 이런 시기를 과도한 인지적 학습과 과잉 정보에 둘러싸여 보내면 자신의 감정을 잃고 조절하는 발달의 기회를 잃어버리게 된다. 자신의 감각과 감정을 읽을 기회가 없고 정보가 없다면 이를 조절할 수 있는 방법도 없다.

# 학년이 높아질수록
# 학습력이 떨어지는 아이

스트레스를 받고 있다는 증거는 언제 드러날까. 호기심, 조절력이 사라졌을 때다. 자신이 조절하고 관리하려는 의욕이 사라졌다는 것은 시키는 대로 단순히 반응한다는 뜻이다. 호기심을 느끼면 힘들어도 잘 참고 결과를 확인하려고 하지만 스트레스를 받으면 이런 조절하려는 의지를 놓아버린다. 아이들은 조절하는 뇌의 유연성이 발달하지 않았기 때문에 어른보다 스트레스에 약하다는 사실을 알아야 한다. 스트레스에 대한 저항도 뇌가 발달해야 가능하다. 뇌가 발달하는 것은 대상에 대한 의미, 호기심, 조절 능력을 가지도록 하는 것이다. 스트레스를 받고 있는 벅찬 환경에서 아이들은 의미를 부여할 여지를 가지지 못하니 호기심도 가지기 힘들게 된다. 한계를 벗어난 환경에서 아이들은 자신의 호기심과 의미를 포기하고 시키는 대로 생존하려고만 한다. 자신을 포기하고 소외시킴으로써 생존을 선택하는 것이다.

항상 자신에게 의미 있는 정보를 찾고 주변의 강요가 아니라 자신의 선택에 의해서 순차적으로 몰입할 수 있도록 해야 한다. 한꺼번에 너무 많은 정보를 노출시키면 기억도 동기도 효과적으로 움직이지 못한다. 우리의 뇌가 긍정적으로 반응하지 못한다. 이것은 기본적으로 의지의 문제가 아니다. 몰아붙이는 것이 아니라 스스로 목표를 찾고 그 목표를 기준으로 우선순위를 판단하며 아이들의 수준에 맞게 스스로 몰입하는 습관을 만들어주는 것이 중요하다. 이것이 뇌 전체를 잘 발달시키고 효과적으로 자신의 뇌를 활용할 수 있는 경험을 만들어주게 된다. 한 달 동안 스트레스를 받고 애태우며 하는 일도 뇌가 잘 발달하고 균형이 갖추어지면 하루 만에 만족감을 느끼며 할 수 있다. 시키는 대로 잘 따라하던 아이들이 고학년이 되면서 학습 효과가 떨어지는 것은 스트레스를 받아 발달하지 못한 뇌의 결과일 수 있다. 아이들이 자기의 능력에 맞게 배우고 학습하고 있는지 잘 관찰해야 한다. 무엇보다 충분한 휴식을 주는 것이 중요하다. 휴식이 될 수 있도록 넉넉히 잠을 자고, 놀이나 운동 또는 좋아하는 일을 마음껏 할 수 있는 시간을 주어야 한다.

## ● 유아 조기교육 열풍은 옳을까

굳이 두부 자르듯이 나이에 맞춰 정의하고 싶지 않지만, 만 3세 미만에게 인지적 학습은 뇌를 과부하 상태로 만들어 뇌 발달을 방해할 수 있다. 언어를 관장하는 측두엽이 발달하기 전인 만 6세 미만의 아이에게 언어교육을 적극적으로 시키는 것도 효과적이지 못하고 스트레스로 작용한다. 어린 아이에게 언어교육이나 인지적 학습을 하고 싶다면 그저 놀이의 도구 정도로 활용하면 된다. 연령에 상관없이 교육에 대한 욕심이 있다면 아이들이 얼마나 스트레스를 받고 있는지 확인하는 일을 병행해야 한다.

## ● 학습보다 감정이 우선

학습 스트레스로 감정을 자극하면 학습을 망친다. 감정은 학습과 기억을 조율한다. 감정에 따라 집중력과 기억도 달라진다. 감정이 조율되지 않으면 기억과 학습을 관장하는 해마의 역할을 방해받아

기억과 학습을 응용하는 능력도 떨어진다. 감정이 학습을 도와야 하는데 감정에 묶여 장기적으로 학습의 효율성을 망가뜨리기 쉽다.

## ● 아이들의 호기심과 학습 의욕을 살펴야 한다

부모가 시켜서 하기는 하지만 아이들은 스트레스를 받고 있을 수 있다. 이를 확인하는 방법은 학습하고 있는 것에 대해 아이들의 호기심이 살아 있느냐 하는 것이다. 부모가 아이들을 관찰하고 호기심, 재미, 즐거움, 의욕을 물어야 한다. 아이들이 질문에 신나게 답할 수 있을 때 학습은 스트레스를 주지 않는다.

## ● 아이의 의도와 피드백이 살아 있는 학습

아이들이 어떤 학습을 하고 있을 때 스스로 소화할 수 있는 것은 아이들 자신의 의도를 가지고 있을 때다. "나는 이렇게 하고 싶어" "그 다음에는 이런 식으로 하고 싶어"등의 의도를 말할 때는 스트레스를 받고 있지 않다는 증거다. 우리는 놀이든 학습이든 일이든 뭔가를 주도적으로 몰입하고 있을 때 잘하고 있다는 피드백을 스스로에게 받는다. 그 내적 피드백 때문에 지속하기도 하고 포기하기도 한다. 아이들이 학습하고 있을 때 긍정적인 피드백을 어떻게 확인하는지 관찰하거나 물어봐야 한다. 부모가 그 피드백을 지원해줄 때 스트레스를 받지 않고 살아 있는 학습으로 이어진다.

# 칭찬은 약이 될 수도,
# 독이 될 수도 있다

　분명 칭찬은 사람을 긍정적으로 만들고 능력을 향상시킨다. 특히 자신의 생존과 존재에 절대적인 부모로부터의 칭찬은 아이들의 자존감에 대단한 영향을 준다. 칭찬은 부모에게 관심, 인정, 사랑을 받고 있다는 확신이며 자신의 존재감을 느끼고 능력이 확장되고 있다는 반증이기 때문이다. 일상에서 칭찬을 자주 받는 아이들은 활력이 넘치고 자신감에 차 있다. 방어적이지 않고 도전적이다. 그래서 요즘 부모들은 칭찬의 중요성에 대해 너무도 잘 안다.

하지만 너무 강조한 나머지 무분별한 칭찬으로 아이들의 동기나 호기심 그리고 조절력을 잃어버리는 부작용도 다반사다. 칭찬이 좋다는 이야기만 들었지 왜 좋은지, 어떻게 칭찬해야 하는지 모르기 때문이다. 칭찬은 감각적이고 감정적인 차원을 넘어서 아주 정교하고 조절된 상호작용을 필요로 한다. 칭찬과 격려가 아이들에게 어떻게 영향을 주고 있는지 살펴보자.

누구나 정도의 차이는 있지만 칭찬을 들으면 기분이 좋고 활력이 돋는다. 그리고 칭찬 들었던 일을 기억했다가 다시 하고 싶어진다. 칭찬은 우리 뇌의 보상회로를 자극해서 도파민이라는 호르몬이 분출되도록 한다. 칭찬을 받았을 때 활력과 의욕이 넘치고 기분이 좋아지는 느낌은 바로 도파민의 덕분이다. 보상회로가 활성화되면 뇌는 이를 기억했다가 다시 그런 상황을 자꾸 재현하려고 한다. 이렇게 행동의 동기가 생기지만 도파민 과다와 같은 중독도 만들어진다. 도파민은 주의를 조절집중력하고 이를 통해 운동을 조절하는 역할과 감정을 조절하는 역할도 한다.

도파민이 부족하면 분노조절이 힘들고 공격적 행동, 초조함, 소외감을 비롯한 우울증 증세가 나타나기 쉽다. 무엇보다 뇌가 정상적으로 기능하기 위해서는 10마이크로볼트의 전압이 유지되어야 하는데 이 전압을 유지하는데 꼭 필요한 물질이 도파민이다. 연구 결과에 의하면 도파민을 향상시킨 그룹이 도파민을 방해받은 그룹에 비해 성적이 아주 좋았다고 한다.

그렇다고 무조건 좋은 것은 아니다. 도파민이 과다하면 중독적 피해, 충동적 욕구, 난폭한 성격, 정신분열 증세가 나타나기 쉽다. 이것은 조절의 문제이고 칭찬을 받는다는 것은 기분 외에도 동기, 조절력, 집중과 같은 일상의 기능에 영향을 줄 수 있다는 사실을 알 필요가 있다.

미국 듀크 대학의 스콧 휴텔Scott Huettel 박사 연구 팀의 연구 결과에 의하면 비난은 감정적 영역에서 처리되는 반면 칭찬은 논리적 영역에서 처리된다고 한다. 비난은 감정적으로 동요하기 쉽지만 칭찬은 논리적으로 접근하고 조절하는 능력을 키울 수 있음을 시사한다. 칭찬은 단순한 감정적인 터치가 아니라 칭찬과 행동이 논리적으로 타당성이 있을 때 진정한 칭찬의 힘이 발휘된다는 의미이기도 하다. 그래서 제대로 칭찬하는 것이 중요하다.

2005년, 미국 하버드 대학의 질 훌리Jill Hooley 박사 연구팀은 엄마의 칭찬을 녹음하여 자녀에게 들려주고는 뇌의 변화를 살펴보았다. 칭찬을 들었을 때 아이들의 뇌에는 배외측 전전두엽이 활성화되었다. 이 부위는 우리 뇌의 CEO라고 할 정도로 중요한 역할을 한다. 중요한 의사결정은 물론, 뭔가를 계획하고 집행하고 관리하는 역할과 문제해결, 그리고 조절 역할을 한다. 성숙한 뇌를 만들고 싶다면 이 배외측 전전두엽을 활성화시켜야 한다. 칭찬은 동기를 부여하여 활력이 넘치도록 하지만 아이들의 뇌를 고차원적으로 발달시키는 역할을 하는 것이다.

이보다 나은 투자가 없다.

## 무조건적 칭찬은
## 존재감을 공격한다

뇌를 발달시키는 칭찬도 기술이 필요하다. 왜냐하면 무조건적인 칭찬은 보상회로로만 자극하여 아이의 자율성과 주도성, 존재감을 빼앗아갈 수 있기 때문이다. 무조건적인 칭찬은 자신의 존재감 없이 감각적이고 감정적인 보상적 반응에 중독되도록 하는 것이다. 칭찬을 제공하는 부모, 양육자, 선생님 등으로부터 확인받아서 움직이고 자신의 기준보다는 칭찬을 위해서 행동하는 아이가 될 수 있기 때문이다. 칭찬이 기대되지 않은 일은 도전하지 못하는 아이가 될 수 있다. 결국, 아이들의 내적 동기를 떨어뜨려 수동적이고 의존적인 아이가 될 수 있다. 그래서 칭찬이 누군가의 평가와 인정이 되지 않도록, 아이들 자신의 행동과 노력이 칭찬을 만들고 자신이 칭찬의 주역이라는 사실을 인식시켜주는 것이 중요하다.

그리고 칭찬은 단순히 어떤 행동의 결과로 주어지는 보상이 아니라 결과를 만들기 위해 노력한 상호작용을 통해 달성된다는 사실도 인식시킬 필요가 있다. 칭찬은 결과가 아니라 과정이 중심이 되어야 한다.

이런 기분 좋은 보상은 자신에 의해 만들어질 수 있다는 무의식적 믿음을 줄 수 있어야 한다. 이것이 바로 심리학자 에릭 에릭슨Erik Erikson이 유아기에 발달시켜야 한다고 했던 자율성, 주도성, 신뢰성 같은 덕목이다. 칭찬을 잘하면 고차원적인 뇌의 발달과 함께 인성이 함께 길러질 수 있다는 것을 알 수 있다.

칭찬이 아무리 좋다고 하지만 잘못된 칭찬은 독이 되어 아이를 망치기 때문에 현명한 칭찬과 격려의 방법이 더욱 중요하다. 잘못된 칭찬은 어떤 부작용을 만들 수 있을까. 앞서 강조한 것과 같이 칭찬받기 위해서 행동하는 아이, 자율성과 주도성을 잊고 항상 외부의 확인을 받아 자신을 증명하려는 외적 동기에만 의존하려는 아이로 만든다. 또한 막연히 무조건 잘했다고 칭찬하면 더 이상 노력할 이유를 찾지 못한다. 실패를 두려워하는 아이가 되어 새로운 것이나 쉽게 예측되지 않는 것을 회피하는 성향을 가질 수 있다. 도전하지 않는 아이가 된다.


## 칭찬과 함께 격려를 보내자

막연한 칭찬은 칭찬의 가치를 떨어뜨리고 실패했을 때 변명만 늘어놓거나 현실을 거부하고 외면하도록 만든다. 아이들을 성장시키는 것은 어떤 결과나 소유에 대한 칭찬보다는 노력, 과정, 재능을 칭찬함으로써 자신감을 북돋아 줄 수 있는 '격려'가 되어야 한다. 아이들이 실패하더라도 스스로 계획하고 도전 했던 '노력과 과정'을 칭찬한다면 그보다 좋은 격려는 없다. 아이가 자신의 동기와 과정에서 맛보는 즐거움의 가치를 생각하도록 만들어준다.

뛰어난 CEO로 칭송받았던 GE의 전 회장 잭 웰치Jack Welch는 어릴 적 말을 더듬어 놀림받았다고 한다. 하지만 그의 어머니는 "애야, 걱정하지 말거라. 네 좋은 생각을 혀가 따라가지 못할 뿐이야"라고 위로하고 격려했다. 격려와 칭찬은 그 자체로 활력과 동기를 만들어주지만 이런 과정에서 아이들은 행동할 자신만의 관점을 가지게 된다. 그 덕분에 스스로 도전하고 노력하고 위로할 수 있는 아이는 세상에 대해 진정한 자신감을 가지게 된다. 칭찬과 격려에 대한 관점은 평생 아이들의 인생을 끌고 가고 지배하게 된다.

## ● 칭찬도 기술이 필요하다

칭찬의 기술에 대해서 너무 좋은 말들이 많지만 가장 중요한 것은 진심을 가지고 구체적으로 칭찬하는 것이다. 또 한 가지는 결과보다는 노력과 과정을 칭찬하는 것이다. 이런 칭찬의 기술을 발휘하려는 부모는 아이들의 의도와 행동을 잘 알고 관찰해야 한다. 그렇게 되면 칭찬할 일이 보였을 때 몸과 마음이 움직여 즉시 칭찬할 수 있을 것이다. '구체적으로 즉시 칭찬할 것' '노력과 과정을 칭찬할 것' '진심으로 칭찬할 것'이 칭찬의 가장 핵심적인 기술이다.

## ● 귀한 칭찬을 만들어야 한다

아이들을 사랑하는 마음에 무작정 칭찬을 남발하면 오히려 아이들은 외부에 의해 평가받고 의존하려 들게 된다. 자주 하는 칭찬이라도 아이들의 행동을 유심히 관찰해서 나온 귀한 칭찬이 되어야 한다. 칭찬을 만들어낸 주역은 아이들 자신임을 스스로 알게 해야 한다.

## ● 칭찬을 더 위대하게 해주는 것은 격려다

격려가 칭찬보다 더 큰 위력을 발휘하는 것은 격려를 받을 때 자신이 가치 있고 소중한 존재임을 느끼기 때문이다. 그리고 결과를 뛰어넘어 과정에 대해 관심과 믿음을 받고 있다는 것이다. 격려를 통해 부정적인 결과를 극복할 수 있는 위로와 자신감을 얻는다. 부정적인 결과라도 스스로 받아들이고 더 나은 도전을 할 수 있는 주체로 만든다. 그래서 칭찬과 함께 부모는 격려에 더 관심을 쏟아야 한다.

## ● 칭찬의 말 개발하기

부모가 칭찬의 말을 개발해보자. 이렇게 개발한 표현을 부모 자신에게 먼저 건네는 것도 좋다.

· 정말 감동이야.
· 네가 할 수 있다고 믿었어.
· 새로운 생각을 시도했다는 점이 너무 멋져.
· 너는 네 재능을 잘 활용하는 것 같아.

· 네가 끈기 있게 하려고 하는 모습을 보게 되어 기뻐.

· 어제보다 ○○하는 점에서 점점 좋아지고 있는 모습을 보니 뿌듯하구나.

· 엄마도 생각하지 못했던 것을 생각했네. 엄마가 많이 배웠어.

# 처벌보다 보상에 민감한
# 청소년기

## 딴짓만 하다가
## 못한 숙제

숙제를 제시간에 하지 않다가 혹은 끝내지 못하다가 항상 잠들기 전에 걱정하며 난리를 치는 아이가 있다. 여러 번 주의를 주었는데도 같은 상황이 반복된다. 왜 그러지 말아야 하는지 차근히 알아듣게 설명했다고 생각했는데, 다음에 보면 같은 상황이 벌어진다. 쉽게 올바른 행동으로 변화시키기 힘들다.

공부, 생활 규칙, 대인관계 등 많은 면에서 아이들의 행동과 씨름하다 보면 부모들은 흔히 보상과 벌을 사용한다. 부모가 원하는 행동은 바람직하다고 하더라도 아이들에게 우선순위가 밀린다. 더 재미있고 흥미를 끄는 일이 있기 때문이다. 아이들은 바람직한 미래를 생각하며 현재의 행동을 억제할 수 있는 뇌가 아직 발달하지 않았다. 그래서 부모는 보상과 벌이라는 강화물을 활용하여 우선순위를 조정하도록 영향력을 끼친다.

이때, 명심해야 할 것이 있다. 보상과 벌을 통한 행동의 변화는 일시적인 수단이 되어야 한다. 보상과 벌을 통한 행동의 변화는 그 행동 변화를 유지하기 위해서 더 많은 보상과 벌을 요구한다. 행동 변화의 의미가 중요한 것이 아니라 보상과 벌이 중요한 것이 되어버릴 수 있다.

보상과 벌은 부수적이고 수단적으로 활용해야 한다. 아이들이 스스로 우선순위를 조정하는 데 정보를 제공해주는 역할이다. 숙제를 하지 않으면 스스로 불편하거나 두려운 사항을 책임지도록 해야 한다. 그래서 숙제라는 일이 자신의 우선순위에 영향력을 끼치도록 내버려 두어야 한다. 다만 아이들에게 우선순위가 높았던 일, 즉 자신이 좋아서 하고 싶었던 일을 잠시 미루고 숙제를 했을 경우에는 아이들이 원하는 일에 대한 지원을 약속하는 방식으로 부수적인 보상을 제공할 수 있다. 또는 숙제를 하지 않았을 때는 아이들이 원하는 행동을 제약하는 벌을 제공할 수도 있다.

다음으로 중요한 것이 있다. 아이들에게 벌보다는 보상이나 칭찬이 더 효과적이라는 사실이다. 뇌의 발달상 아이들에게는 처벌이 두려워 자신의 행동을 조정하는 일이 어려울 수 있다. 부모가 제시한 벌이 행동을 통제하는 듯 보이지만 금방 까먹고 부모를 화나게 만든다. 부모를 화나게 만들고 싶어서 그런 것이 아니라 아이들의 뇌가 그렇다. 벌을 생각하면 걱정이든 두려움이든 우선순위가 높아져야 하는데 아이들의 뇌에서는 영향력이 약하다. 100의 무게로 처벌해도 아이들의 뇌에 전달되는 것은 고작 5 정도랄까. 아이의 뇌에서는 처벌보다 보상이 훨씬 잘 전달되도록 되어 있다. 아이들의 뇌에서 보상이 훨씬 잘 작동되도록 되어 있다는 사실을 알면 적어도 부모의 화는 누그러뜨릴 수 있고 다른 다양한 방법을 생각할 수 있다.


## 편도체와 전전두엽은 더디게 발달한다


청소년기에는 처벌보다 보상에 민감한 뇌구조를 가지고 있다. 그래서 보상이 행동에 가지는 영향력이 더 크다. 또한 관련 실험을 보면 보상을 기대할 때보다는 즉각적으로 보상을 받을 때 훨씬 활발하게 활성화되었다. 그래서 당장 즐겁고 쾌감이 넘치는 보상 앞에 위험성이 있음에도 앞뒤 가리지 않고 보상을 향해 달리게 된다. 결론적으로 징계나 처벌, 미래의 기대보다는 즉각적인 보상과 칭찬이 훨씬 유리하게 작용한다는 의미다.

청소년기의 뇌는 처벌보다 보상에 더 민감하다는 연구결과가 기사화된 적이 있다. 뇌가 완전히 발달하지 않고 뇌의 각 부위별로 협업과 조절이 완벽하지 않은 아이들의 뇌를 잘 설명해주고 있었다. 청소년기에는 동기와 행동의 보상회로인 측좌핵이란 곳의 발달이 촉진되는데 비해 위험을 알리는 편도체는 느리게 발달하고 이를 통해 행동과 인지를 조절하는 전전두엽은 더 늦게 발달한다. 그러니 이 시기에는 보상회로가 우선순위가 제일 높고 위험과 두려움을 관장하는 편도체가 그 다음이고 합리적이고 이성적 판단과 조절을 담당하는 전두엽의 우선순위가 가장 낮다는 의미다.

일반적으로는 이런 우선순위에 의해 보상에 더 민감하게 반응하기 쉽다. 그래서 어떤 행동을 유도하기 위해서 보상이나 칭찬이 잘 반응하지 처벌이나 야단을 쳐서 위험을 피하기 위해서 행동을 유도하는 것은 덜 효과적이라고 말한다. 미래를 내다보면 자신의 행동이 유익하다고 스스로 조절하는 것은 더더욱 잘되지 않는다. 야단을 치고 알아듣도록 잘 설명을 해도 같은 실수를 반복하고 행동이 고쳐지지 않는 것은 뇌가 아직 발달하고 균형을 이루지 못한 시기적인 특징으로 이해해야 한다.

## '지름신'도 보상회로가
## 작동한 결과

우리 뇌의 측좌핵은 동기와 행동의 보상회로로 이 부위가 활성화되면 의욕과 활력이 넘치는 도파민이란 호르몬의 분비가 증가한다. 도파민이 잘 활성화되어야 우리는 의욕적으로 행동할 수 있다. 도파민이 분비되면 활력이 넘치고 기분이 좋아지기 때문에 같은 행동을 기억했다가 반복하게 된다. 어른들이 '지름신이 내렸다'며 충동적으로 소비하는 현상도 이런 보상회로의 도파민 분비와 관련이 있다고 한다. 광고를 보고 측좌핵이 활성화되면 보상회로 탓으로 충동구매와 소비 중독이 발생한다.

사실 도파민의 분비를 요구하는 보상은 세상에 다양하게 존재한다. 자신이 활력이 넘치고 강하게 의욕과 끌림을 느끼는 것이 자신에게 유리한 것으로 연결되도록 경험을 관리할 필요가 있다. 연구에 의하면 축구를 열광적으로 좋아하는 팬들이 축구를 보며 느끼는 기쁨과 희열도 기대와 보상을 관장하는 측좌핵의 활성화 때문이라고 한다. 조금 더 나아가 설명하자면, 측좌핵과 복측피개영역은 모두 쾌락을 누리는 보상회로와 관련이 있다. 하지만 기대와 보상이 측좌핵과 연관되어 있다면 맛있는 음식, 성관계, 마약과 같은 것이 부르는 일시적인 쾌락은 복측피개영역을 활성화시킨다.

학생들이 중독에 취약한 것도 비슷한 원리들이다. 중독을 야기하는 활동은 보상회로의 측좌핵이 활성화되기 때문에 도파민 분비가 늘어나고 그 중독행동을 반복하려고 한다. 더 많은 도파민 분비를 요구하기 때문에 더 강화되어 중독되는 것이다. 그래서 중독 외에 칭찬, 보상, 웃음, 운동, 새롭고 흥미로운 활동 등으로 도파민을 수치를 높여 만족도를 높이는 다양한 활동이 중요하다. 게임이나 중독의 행동은 학생들에게 계속 칭찬하고 만족을 던져주는 대상인 셈이다. 부모의 눈에는 보이지 않지만 그들은 그런 활동을 하면서 뇌의 보상회로를 반복적으로 자극하는 것이다.

긍정적으로 보상회로를 자극하는 시스템을 만들어줄 필요가 있다. 학생들뿐만 아니라 어른들도 기대하지 않았을 때 받는 보상이 더 강력하다. 당연한 것이지만 세심하게 관찰하고 있다가 의외의 재미와 쾌감과 칭찬이 보상을 기억하고 강화하는 데 더 도움을 준다.

## '게임 중독'은 보상 싸움에서 패배한 결과

세상에는 보상회로를 자극할 수 있는 일들은 수없이 많다. 긍정적이고 자신에게 이익이 되는 보상 자극을 많이 경험하게 해줄 필요가 있다. 어른도 마찬가지다. 어떤 것들이 있을까. 주변을 둘러보고, 자신이 느끼는 느낌에 집중해서 찾아볼 필요가 있다. 부모가 바라는 행동과 억제하는 행동에서 바라는 행동의 보상이 충분하면 억제하려는 행동은 자연스럽게 사라지게 된다.

게임이나 노는 것 등에 중독 수준으로 몰두한다는 것은 보상의 싸움에서 진 것이다. 바람직한 행동에서 느끼는 보상이 충분하도록 해서 아이들이 느끼는 쾌감과 매력이 높아지도록 하는 것이 부모의 지혜다. 문제 행동이나 억제하고자 하는 행동을 처벌하거나 야단치고, 문제의 원인이 되는 것을 제거함으로써 해결하려는 부모의 노력은 항상 역부족을 느끼기에 충분하다.

## ● 처벌과 보상의 싸움을 극복하자

　일단 아이들에게 처벌보다 보상이 효과적이라는 사실을 믿었으면 좋겠다. 공부하는데 TV가 문제가 된다고 TV를 없애버리는 것은 공부와 고통의 연관성을 강화시키는 효과만 크고, 근본적 문제인 공부로 아이를 유도하지는 않는다. 원하는 행동에 대한 보상이 클 때 억제하려는 행동은 당연히 조절된다. 쉽지 않기 때문에 부모는 아이들에게 어떤 것이 보상이 되는지 관찰하고 탐색하는 것이 필요하다.

　처벌과 보상이라는 싸움보다는 아이들이 바람직한 보상에 더 흥미와 즐거움을 느끼고 관심을 주도하도록 노력하는 것이 효과적이고 지속적이다. 아이들이 공감하지 못하는 처벌과 보상은 아이들의 통제력과 조절력을 상실하게 만드는 원인이 될 수 있다. 처벌과 보상은 아이들 스스로 우선순위를 고려해볼 수 있는 계기를 만들어주는 것으로 시작해야 한다.

## ● 아이들에게 보상이 되는 것을 먼저 관찰하자

아이들 마다 기질과 환경이 다르기 때문에 재미, 즐거움, 만족을 느끼는 활동과 반응이 다르다. 부모는 아이들이 언제, 어디서, 어떤 상황에서 보상을 느끼는지 확인하고 아이들이 받고 싶은 보상을 확인하고 알고 있는 것이 먼저다. 왜냐하면 물질적인 외적보상과 함께 아이들의 노력과 발전을 칭찬하는 내적보상이 함께 주어져야 하기 때문이다. 물질적 보상만이 즐거움을 준다면 그 보상을 위해 노력하고 발전하는 자신을 무시할 수 있기 때문이다. 자신의 노력과 발전, 신념이 주는 내적 동기를 상실할 수 있는 위험이 있다. 그래서 물질적인 보상은 항상 그 의미와 연결시켜주어야 한다.

## ● 보상에는 책임과 성취가 따르도록 하자

단순한 조건에 대한 보상보다는 부모가 주는 보상은 아이들이 스스로 노력하여 책임을 다하고 도전의 결과물로 받게 되는 것임을 느끼도록 해야 한다. 보상은 부모가 주는 것이 아니라 자신이 그 보상의 원인이고 주인이었다는 것을 확인하는 과정이다. 단지 부모가 제공하는 보상이 재미없을 줄 알았던 일을 흥미롭고 재미있게 바라볼 수 있는 계기가 되어야 한다. "힘들고 재미없을 줄 알았는데 나 이거 하고 싶어!"라고 말할 수 있도록 해야 한다.

## ● 물질적 보상보다는 원하는 행동을 보상으로

물질적 보상은 즉각적이지만 지속성이 짧다. 아이들에게 보상이 될 수 있는 허용 활동을 관찰했다면 부작용이 적은 활동을 허용하는 것이 좋다. 아이들이 원하는 놀이나 활동, 동물원 가기, 외출하기, 이야기, 게임, 음식 제공, 부모와 함께 하는 활동 등 아이들이 원하지만 잘해주지 못했던 것을 보상으로 제공할 수 있다.

# 청각피질에서 운동피질까지…
# 대화는 복합적 활동

## 끝까지 들어주지 않는
## 아빠

어떤 아이들은 언어발달에 특별한 장애가 있는 것은 아닌데 엉뚱한 행동을 잘하거나 막무가내로 떼를 쓰는 경우가 많다. 규칙을 따르지 않고 집중력이 필요한 활동에 집중하지 못하고 금방 산만해진다. 자신의 상황을 차분히 설명하는데 어려움과 갑갑함을 느끼고 표현도 짧게 한다. 말로 표현하는 것보다 행동을 먼저 하고 충동적으로 보여서 말썽쟁이로 소문이 자자하다.

아이 때문에 여기저기로 자주 불려가는 엄마와 차분히 이야기를 해

　　　　　　　　　　　　3장 생각과 마음이 자라는 시기

보면 의외로 언어적 소통에 문제가 있는 경우가 많다. 부모의 급한 성격 탓에 어릴 때부터 아이의 말을 차분히 들어주지 못했다고 반성한다. 가부장적이고 엄한 가정에 자란 아빠는 아이를 잘 가르친다고 아이의 말이 끝나기도 전에 잘못된 것을 지적하고 즉시 교정해줬다. 잘못한 행동을 했을 때도 아이의 말을 들어주기 보다는 바람직한 결론을 먼저 말하고 엄한 행동으로 대응했다. 맞벌이 탓도 있지만 아이들의 행동을 통제하기 힘들 때는 좋아하는 TV나 휴대폰의 영상을 많이 보여줬다.

차분히 따져보면 아이는 언어로 자신을 차분히 표현할 기회를 잃고 살아왔다. 차분히 듣고 점점 정교하게 자신을 표현할 언어적 정교함을 키우지 못했다. 언어적 표현을 통해 자신이 원하는 것을 더 충족시킬 수 있다는 가능성을 느끼지 못했다. 꼭 자주 할 필요는 없지만 아이들의 눈을 쳐다보며 미숙한 언어로 표현하는 아이들의 말을 끝까지 들어주고 차분히 어른들의 감정과 행동을 언어로 표현하는 모습을 보여주는 것만으로도 충분할지 모른다. 잘못 표현한 것은 지적하지 말고 가볍게 올바른 표현으로 고쳐서 맞장구 치고, 질문해주면 된다. 아이들과 친구같이 도란도란 이야기하며 아이들이 관찰한 것과 생각, 감정, 행동을 언어 표현할 기회를 늘리는 것만으로도 힘들었던 문제행동의 변화를 관찰할 수 있다. 부모와 언어적 상호작용에 따라 아이들의 뇌는 보이지 않게 변화하는 것이다.

## 언어를 사용하면서
## 발달하게 된 인간

언어를 사용한다는 것은 뇌가 발달되었다는 증거다. 언어의 활용은 시각, 청각, 운동 신경 등 뇌의 여러 구조를 활용하고 조절할 수 있어야 가능하다. 언어를 사용하면 뇌의 다양한 측면이 발달되고 조절된다. 인간은 언어를 사용하기 시작하면서 감각과 감정에 반응하는 수준에서 벗어나 감각과 감정을 통합하고 조절하며 고차원적 뇌를 발달시켜 왔다. 인간의 뇌가 이렇게 발달할 수 있었던 것은 모두 언어를 사용했기 때문에 가능한 일이다. 세밀한 언어적 능력을 갖추고 자신의 경험을 다양한 언어로 표현하는 것은 남녀노소 구분할 것 없이 뇌를 발달시키고 뇌를 건강하게 유지하는 좋은 방법이다.

무엇보다 언어는 생각을 만들고 정교하게 한다. 감각과 감정적 반응을 지연하여 자기통제, 충동조절 능력을 발달시킨다. 느끼고 생각하는 것을 즉각 반응하는 것이 아니라 적절하게 생각하고 의미를 부여한 다음 적합한 언어로 구사하려면 두뇌를 활용하고 조절할 수 있어야 한다. 이렇게 반응을 지연시키고 언어로 범주화하고 추상화된 내용을 다루다 보면 전두엽이 발달하게 된다. 보다 성숙한 인간으로서의 모습은 언어생활을 통해서 만들어지는 셈이다.

언어가 제대로 발달하지 않으면 스트레스를 받아 무기력한 아이가 되거나 충동적인 감정과 행동 표현을 많이 하게 된다. 정교한 언어로 표현하면 해소될 아이들의 욕구 발산이 힘들고 거칠어질 수밖에 없다. 아이들이 느끼는 감각, 감정, 욕구를 단순하게 반응적으로 표현하도록 하기보다는 자신의 느낌과 생각을 말로 표현할 기회를 충분히 줘야 한다. 기다려주고 언어로 표현하도록 허용해주어야 욕구도 해소되고 조절력이 생긴다.

그렇다고 유아기 때부터 표현과 발표를 하라는 것은 아니다. 유아기 때는 말을 잘할 수 있는 몸의 구조도 아니고 뇌도 잘 발달되어 있지 않다. 주로 듣고 이해한다. 뇌는 말하는 것보다 언어를 이해하고 알아듣는 영역이 더 빨리 발달한다. 말을 늦게 한다고 너무 고민할 필요는 없다. 이때는 길지 않고 명확하게 이야기해주고 부모가 표현하는 것을 잘 이해하고 있는지를 확인하는 것만으로도 충분하다. 그리고 무엇보다 경청과 이해한 것을 다시 확인시켜주는 것이 더 중요하다. 말을 잘하고 언어적 학습이 가능한 시기에 표현은 뇌를 정교하게 발달시킨다. 언어로 표현할 수 있도록 질문하고 경청해주면 대화가 되고 학습과 인성적 발달이 원활하게 진행된다. 짧게 단축된 언어, 반응적 표현의 미디어를 많이 사용하면 뇌도 반응적으로 변한다는 사실을 알아야 한다.

# 아이는 부모의
## 언어활동을 답습한다

　의견이 분분하기는 하지만 여러 연구와 실험에 의하면 언어중추가 있는 측두엽은 6~12세 사이에 가장 많이 발달한다. 그래서 이 시기를 언어 학습에 제일 적합한 시기라고 주장한다. 이때부터 자신의 의사를 제대로 표현할 수 있고 논리적으로 따져보는 활동도 가능해진다. 앞에서 설명한 것과 같이 두뇌의 발달이 뒷받침되지 않으면 언어 교육은 의미가 없기 때문이다. 너무 빠른 시기에 언어를 교육하면 과도한 자극이 스트레스를 유발해서 오히려 학습 장애를 일으키거나 발달 가능성을 위축시킬 위험이 크다.

　언어는 아이들의 속도에 맞춰서 들어주고 기다려주는 것이 중요하다. 아이들은 환경과 상호작용하며 부모나 주변 사람들이 표현하는 언어를 통해 언어적 조절력을 답습한다. 어떤 의도를 가지기보다는 아이들의 수준에서 느끼는 것을 솔직하고 동등하게 표현하는 모습을 많이 보여주는 것이 좋다. 엄마는 어떤 상황에서 어떤 느낌과 감정을 느끼고 어떤 생각이 든다는 것을 솔직하게 표현해야 한다.

　언어를 사용하는 과정을 살펴보면 다음과 같은 순서를 보인다. '청각피질에서 말을 듣고, 베르니케 영역에서 소리를 의미와 연결시킨 후, 브로카 영역에서 적합한 말을 찾고, 운동피질을 통해 말을 한다.'

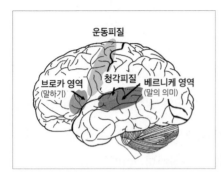

그래서 시각, 청각, 운동 등 여러 영역이 활용된다고 말하는 것이다.

베르니케 영역은 소리를 의미와 연결하여 '언어를 이해'하는 영역이다. 이 영역에 장애가 발생하면 말은 많이 하는데 전혀 내용을 이해할 수 없는 무의미한 말을 하게 된다. 브로카 영역은 적합한 말을 찾아 소리를 내는 '문법에 맞게 말하기' 영역이다. 이 영역이 손상되면 말을 이해하지만 정상적으로 말을 만들지 못한다. 기본적으로 말의 의미를 해석하고 적합한 언어를 문법에 맞게 구사할 수 있어야 한다.

적당한 두뇌의 발달이 뒷받침되어야 언어 교육이 의미가 있다. 지나치게 이른 언어 교육은 과도한 자극으로 인해 스트레스를 유발하고 학습 장애를 일으킬 수 있다. 아이들의 감각과 감정을 조절하고 통합하는 것은 불필요한 스트레스를 줄이고 스트레스를 관리하면서 회복력 높은 삶을 살 수 있도록 만들어준다. 그런데 감각과 감정을 인식하는 것이 되지 않으면 이런 조절력은 힘들어진다.

그래서 논리적인 언어 표현이 가능한 시기부터는 자신의 감각과 감정을 언어로 표현하는 능력을 키워야 한다. 그렇지 않으면 감정과 감각은 모호한 상태로 존재하고 혼란을 만들어낸다. 이런 혼란이 원하는 것을 명확하게 인식하는 것을 방해한다. 모호한 느낌의 감각과 감정, 원하는 바를 또박또박 언어로 표현해보는 것은 아이들뿐만 아니라 남녀노소 누구에게 필요한 일이다. 그런 기회를 늘려가야 한다. 아이마다 논리적인 언어 표현에 정도의 차이를 보이지만, 만 4세부터 사건의 전후 개념에 따라 상황을 설명할 수 있고 만 5~6세가 되면 논리적으로 자기 생각을 표현할 수 있는 편이다. 부모가 아이들과 대화를 나누다보면 지금이 어떤 시기인지를 판단할 수 있다. 부모의 판단에 따라 천천히 감각과 감정을 느끼며 표현할 수 있는 폭을 넓히면 된다.

## ● 끝까지 차분히 들어주기

아이들의 언어를 발달시키는 습관은 무엇보다 부모나 양육자가 끝까지 들어주고 반응해주는 것부터 시작한다. 무엇보다 반복이다. 어린 아이들의 경우 아이들이 잘못 말했을 때에는 "○○을 말하는 거야?"라거나 "이렇게 하자고?"라며 아이의 말을 교정하여 질문하고 반복해주며 피드백해준다. 공감과 소통, 교정이 부모의 상호작용을 통해 한꺼번에 이루어진다.

## ● 소리 내서 자신 있게 읽게 하자

정돈된 소리를 낸다는 것 자체가 뇌를 활성화시키는 아주 좋은 방법이다. 입속에서 울리는 진동으로 인한 전기적 신호는 뇌를 활성화하고 연결하도록 한다. 자신의 조절에 의해 무엇인가를 낭독하며 진행할 때 뇌파는 안정적인 알파파를 만든다. 정돈된 소리를 낼 뿐만 아니라 의미가 있는 내용을 소리 내어 읽을 때 뇌의 조절능력을 키울 수 있다. 자신감이 부족한 아이나 감정과 행동이 충동적인 아이들은 일정한 시간 좋아하는 것을 차분히 소리 내어 읽도록 하는 것이 좋다. 재미없고 싫어한다면 운율을 넣어 부모가 함께해주면 좋다. 어른이나 노인들의 뇌 건강에도 참 좋은 방법이다.

## ● '언어 학습'보다는 '대화'를

언어와 관련된 학습은 만 6세부터 시작해도 된다. 너무 다급하게 생각하지 말고 아이들과 다양하게 표현하고 말을 이해할 수 있도록 하자. 손짓 발짓을 사용하든 어떤 표현을 사용하든 아이들이 이해하기 쉬운 단어들로 대화를 많이 해보자. 부족한 표현이라도 엄마가 잘 알아듣고 잘 설명해주면 아이들의 표현이 쑥쑥 자란다. 이런 대화가 실제 언어로 자신을 표현하는 데 큰 자산이 된다.

## ● 질문으로 표현을 이끌어내자

말을 잘하지 않는 아이, 또는 너무 두서없이 말을 많이 하는 아이가 있다면 부모가 질문을 통해 아이의 표현과 말하기를 효과적으로 조절할 수 있다. "학교 재미있었니?"보다는 "오늘 학교에서 뭐가 가장 재미있었니?"라고 묻는 식이다. 더 구체적으로 표현할 기회를 늘려주어야 한다. 두서없이 말을 많이 하는 아이들에게는 가장 핵심적인 말을 정리해서 되묻거나 "왜 그렇게 생각해?"라고 물어 생각을 정리하고 근거를 확인하도록 해준다.

## ● 감정과 감각을 표현하는 단어를 많이 알려주자

아이들은 자신이 다양하게 느끼는 감각이나 감정을 '좋다' '나쁘다' '싫다' 등으로 간단하게 표현하고 만다. 편하기도 하지만 세밀하게 말하는 것이 어렵고 익숙하지 않기 때문이다. 모호할 수 있는 감각과 감정을 표현할 언어를 가지고 있을 때 혼란스러움에서 벗어나고 안정적이게 된다. 그리고 감각과 감정을 조절하는 것이 훨씬 쉬워진다. 감정을 행동으로 표출할 필요성이 적어진다. 감성과 이성이 자연스럽게 연결되면서 뇌의 균형에도 도움이 된다. 사실 부모의 표현 언어도 많지 않은 경우가 있다. 먼저 부모가 긍정, 부정, 분노, 미움, 두려움, 슬픔, 행복, 즐거움에 대해 표현할 단어를 확인해보면 어떨까. 어린 아이들의 경우 감각과 감정에 이름 붙이기 놀이는 언어적 표현을 정교하게 만든다.

## ● 표현을 재미있게 만드는 토론도 틈틈이 하자

상황과 맥락을 이해하면서 표현하고 상대의 말을 이해한 다음 이어서 질문하는 것은 뇌 전체를 통합적으로 활성화시켜야 한다. 책이나 만화, 일상의 일들에서 아이들이 느낀 점을 궁금한 듯이 묻고 토론 같은 대화를 이끌어보자. 그러기 위해서는 부모가 아이들이 말하는 내용에 관심이 있고 이해하고 있어야 한다. 궁금하다는 느낌으로 질문하고 "왜?"라고 물으며 표현과 논리를 함께 키워갈 수 있도록 한다. "그 만화 주인공이 어떤 생각에서 그렇게 행동했을까?"라거나 "함께 놀던 친구들은 왜 그렇게 했을까?"라고 질문해보자. 아이들이 이해하고 파악한 것을 통합해서 자신의 언어와 논리로 드러낼 수 있도록 하자. 부모의 질문에 대답하면서 아이들은 예측하지 못했던 흥미를 느낀다. 그리고 표현을 잘해내는 자신의 모습에서 예상하지 못했던 면을 발견하고 은근히 자랑스럽고 재미있게 느낄 것이다.

# 두뇌와 외부 세계를 연결하는
# 소통의 고속도로

## 부모가 간과하기 쉬운
## '감각적 인식'

유치원에서는 아이들의 오감을 통한 교육을 특별하게 강조하고 자랑한다. 숲과 같은 자연에서 다양한 종류의 감각적 자극을 훈련하고 이를 통해 창의성과 사회성을 높인다고 강조한다. 아이들은 감각적 경험을 통해 뇌를 발달시키기 때문이다. 특히 영아에서 유아까지 세상의 인식은 모두 감각을 통해 이루어진다. 무조건 입에 넣어 탐색하고 만지고 몸으로 직접 경험하려고 한다. 더 높은 차원의 공감각이나 언어, 사고의 뇌가 발달하지 않았기 때문에 당연하다. 그래서 보다 차원 높은 뇌의 기능을 발달시키기 위해서 감각적 경험에 몰두한다고 볼 수 있다.

감각을 인식하는 일은 발달 중인 아이에게 특별히 중요할 뿐만 아니라 어른들의 삶에도 똑같이 중요하다. 왜냐하면 사람은 감각적 정보를 받아들여 감정을 느끼고 뇌에서 통합하고 해석해서 인지, 언어, 행동을 만들기 때문이다. 그런데 감각적 인식이 잘되지 않거나 왜곡된다면 인식하고 행동하는 것도 자연스럽지 못하게 된다. 균형적으로 잘 협업하는 뇌는 감각적 인식을 기초로 한다는 의미다. 어떤 아이들은 외부의 감각적 자극에 지나치게 민감하거나 반응이 둔하다. 특정 자극에 지나치게 집착하는 경우에는 주의가 산만하거나 충동적이고 자신감도 낮은 행동을 보인다. 말하고 운동하는데 어려움이 있어 대인관계에 악영향을 미치기도 한다. 감각적 자극을 인식하고 통합하는 데 문제가 생기면 감정적이고 인지적인 부분도 영향을 미친다. 감각에 얽매여 외부와 원활한 상호작용이 어렵다.

감각적 인식의 왜곡은 현실을 인식하고 수용하고 상호작용하는 것을 어렵게 만든다. 이것은 어른들도 마찬가지다. 아이들의 경우 감각 인식과 관련한 문제로 또래 아이와 지나치게 구분되는 행동을 보이며 심하게 문제가 발생할 경우 감각통합치료를 받기도 한다. 하지만 여기서는 자녀교육에서 간과하기 쉬운 감각적 인식의 중요성을 이해하고 우리 아이들의 균형 있는 발달을 지원할 수 있는 데 초점을 맞춰보자.

3장 생각과 마음이 자라는 시기

## 파충류의 뇌, 포유류의 뇌, 인간의 뇌

인간에게 감각과 감정은 뇌의 발달과 연결되어 있다. 안정적으로 자신의 감각과 감정을 인식하고 조절하면서 뇌는 발달하고 균형을 맞춰간다. 인간의 뇌는 크게 세 부분으로 구분되어 있다고 했다. 신체적 감각을 관장하는 제일 안쪽의 파충류의 뇌, 감정을 관장하는 중간의 포유류의 뇌, 제일 겉 표면에서 이성적 판단을 중심으로 하는 인간의 뇌가 수직으로 연결되어 있다. 감각을 통해 감정이 연결되고 이런 감각과 감정의 정보를 통해 이성적 판단과 조절을 하도록 되어 있다. 어릴 때부터 감각이 발달하면서 뇌가 발달하고 감정을 느끼고 뇌는 정교해진다. 고차원적인 뇌인 전두엽이 발달하면서 감각과 감정을 통합하고 조절하게 된다. 뇌의 균형은 이런 수직적 연결이 자연스럽고 원활하게 소통할 때 가능하다.

여기에 가장 기본이 되는 것이 감각의 인식이다. 어린 시절 감각성 놀이를 강조하는 이유도 여기에 있다. 그런데 자신의 감각과 감정을 잘 인식하는 것은 욕구와 동기와도 연결되어 있기 때문에 아이는 물론 어른들의 행복감을 좌우한다. 욕구와 동기는 감각과 감정으로 나타나고 자신의 감각과 감정을 느끼고 수용하고 조절하면서 행복해진다. 자신의 감각과 감정을 있는 그대로 느끼는 것, 편안하게 받아들이는 것, 원하는 대로 조절하고 표현하는 것은 뇌가 발달하고 있는 아이들에게는 더욱 중요해진다. 감각을 정밀하게 인식하면서 아이들의 뇌는 발달하고 감각의 인식이 둔해지고 느려지면서 노인의 뇌는 위축되어간다. 감각과 감정에 지배되지 않는 아이로 성장하기 위해서는 자신의 감각을 인식하고 상호작용하는 기회를 많이 주어야 한다. 감각과 감정에 지배되는 아이는 자신의 감각과 감정을 편안하게 느끼고 표현하는 기회가 없었을 가능성이 높다.

우리가 인식하지 못해도 감각과 감정은 연결되어 있다. 어떤 감정 상태에서 우리의 호흡, 근육, 신경은 즉각적으로 연결되어 움직인다. 우리의 욕구는 이런 감각과 감정을 통해 느끼고 상호작용하는 경우가 많다. 표현이 서툰 어린 아이들은 자신의 감각과 감정적 해소를 통해 안정감을 느낀다. 영유아기에는 아이의 입술로 세상을 인식하고 점차 손으로 만지면서 뇌가 소통하고 인지가 발달하게 된다. 자신의 감각과 감정을 잘 느끼고 표현하는 아이들은 그만큼 욕구에 대한 해소가 높아 안정감을 느끼기 쉽다. 하지만 부모가 이런 감각적 활동을 무시하거나 함부로 개입하는 경우에는 욕구에 대한 불만이 생기고 감각적이고 감정적인 폭발로 이어져 스스로 제어하기 힘들어진다.

감각과 감정을 인식하는 것도 능력이다. 감각과 감정은 복합적이고 다양하게 엉겨서 느껴지기 때문에 이를 인식하고 구분하기가 쉽지 않다. 그런데 감각과 감정을 무시당하다 보면 이런 인식능력이 더욱 떨어진다. 반응적으로 투정을 부리지만 어떻게 해주면 좋겠는지 표현하지 못한다. 감각과 감정으로 느끼고는 있지만 인식하고 표현하고 조절하는 것이 힘들게 된다. 감각과 감정의 정보를 통합하는 부위, 이를 조절하고 조정하는 뇌 부위가 발달되어 있지 못하기 때문이다.

감각과 감정을 인식하는 통로가 발달되지 않거나 연결되지 않으면 아이와 양육자 모두 조절하기 힘든 상황이 벌어진다. 아이들에게 감각과 감정을 묻고 대화하면서 뇌의 센스와 연결통로를 발달시켜야 한다. 무엇보다 아이들이 신체로 느끼고 나타내는 감각적 반응은 아이들이 인식하는 세상이라고 봐야 한다. 어른들이 볼 때는 별 것도 아닌 자극에 심하게 반응할 때 그것을 읽어주고 수용해서 객관적으로 인지할 수 있도록 도와주어야 한다.


## 감각과 감정의
## 실타래 풀기

아이들이 자라면서 자신이 느끼는 감각과 감정을 세밀하게 구분하여 인식하고 언어<sub>단어</sub>로 말할 수 있다면 감각과 감정, 이성의 뇌가 잘 발달되었다고 할 수 있다. 하지만 성인도 자신이 느끼는 실타래 같은 감각과 감정을 구분하여 그 차이를 단어로 쓸 수 있는 사람이 많지 않다. 요즘 초중고 대학생까지 감정을 표현하는 어휘는 그리 많지 않다. 현재의 자신의 기분을 말로 표현하라고 하면 당황하거나 서툴고 힘들게 여긴다. 하지만 감각과 감정을 편안하게 인식하고 표현하는 일, 누군가에 의해 받아들여지고 상호작용할 때 뇌의 인식과 조절의 네트워크가 발달하게 된다.

감각과 감정에 자유롭지 못하고 소통하지 못하면 그 에너지는 몸에 남게 된다. 해소할 별다른 방법이 없는 아이들에게는 치명적일 수 있다. 자신의 감각과 감정을 인식하고 외부와 무리 없이 상호작용하면서 흐를 때 불필요한 긴장감 없이 자신을 드러낼 수 있다. 그래서 아이들은 운동과 활동, 상호작용을 통해 충분히 자신의 감각을 활용하고 표현하도록 해야 한다. 아이들의 서툰 표현을 일단 받아주고 인정해주고 정확하게 아이들이 느낀 감각과 감정이 어떤 것인지 알게 해줘야 한다. "우리 ○○이가 아쉬웠는데 말을 못해 눈물이 났던 거구나"하고 다듬어줄 필요가 있다. "○○이만 빼놓고 노는 게 서운해서 화까지 났던 거야"라는 식으로 감각과 감정을 세밀하게 표현하는 연습을 해주어야 한다.

불안이나 긴장감에 몸을 가만히 있지 못하고 쉴 새 없이 몸을 움직이거나 손톱을 물어뜯는 등의 행동을 할 때 다그치지 말고 그 느낌에 대해 이야기할 수 있도록 배려해야 한다. 아이들끼리 불안과 긴장이 밀려올 때는 어떤 느낌인지 서로 말하도록 유도하는 것도 좋은 방법이

3장 생각과 마음이 자라는 시기

다. 사실 이런 것은 어른들에게도 똑같이 적용되는 삶의 흔적들이다. 소금, 간장, 된장처럼 다양한 양념의 맛이 음식을 더욱 깊고 풍성하게 하듯이 감각과 감정을 인정하고 인식하고 표현하는 것은 뇌를 균형 있게 만드는 아주 좋은 방법이다.

## 역경을
## 극복하는 힘

감각과 감정에 대한 인식과 표현은 감정과 욕망에 의한 충동을 조절하는 능력을 향상시켜 준다. 자신의 감각과 감정을 인식하고 표현한다는 것은 뇌의 조절능력이 연습되고 발달되어 있다는 것이다. 그 핵심이 바로 전전두엽과 대상회를 비롯한 자기인식과 관련된 뇌 부위들이다. 더 나은 결과를 위해서 당장의 욕구와 만족을 지연할 수 있는 능력을 향상시켜준다. 몇 십 년의 종단연구 결과에 의하면 만족을 지연시킬 수 있는 능력을 유치원 때 가진 아이들은 평생 건강과 경제적 문제, 명성, 사랑, 삶의 만족에서 상대적으로 긍정적인 결과를 만들며 살아간다는 것이 밝혀졌다.

역경을 극복하는 힘인 회복력resilience은 사람들의 미래성과와 행복을 예견하는 요소로 거론된다. 힘겨운 환경에서도 성공하는 사람들의 회복력은 보통 사람과 다르다는 것이다. 그런데 이런 회복력을 만들어내는 구성요소에 감정과 충동조절, 원인 분석과 소통, 공감이 포함되어 있다. 아이들이 자신의 감각과 감정을 읽고 이해하고 표현할 수 있도록 도와주는 것은 역경의 상황에서도 자신의 행복을 만들어갈 수 있는 마음의 힘을 만들어주는 일이다. 아이들이 먹고, 보고, 듣고, 움직이고 싶은 감각적 충동이나 불안함에 대한 감각은 자신을 두렵고 고통스럽게 하는 것이 아니라 자연스러운 것임을 느끼게 해야 한다. 그 자연스러움과 안정감 속에 있어야 감각에 빠져들지 않고 아이들이 원하거나 부모가 의도하는 행동을 선택할 수 있다.

## 스트레스와
## 긴장이 적은 사람의 특징

감각과 감정적 대화를 많이 하는 아이들은 일상의 스트레스와 긴장이 적다. 감각과 감정에 대한 인식 능력이 잘 발달된 아이들은 자신의 느낌, 감정, 떠오르는 생각에 대한 조절력이 강하다. 그래서 자신이 느끼는 것을 과장해서 증폭시키지 않는다. 같은 불편함이나 짜증스러운 일이라도 유독 반응이 강한 아이들이 있다. 터질 것 같은 긴장감으로 말하고 행동하는 아이들이다. 이런 아이들은 자신이 느끼는 감각과

3장 생각과 마음이 자라는 시기

감정에 대한 조절력이 떨어져 증폭시켜 받아들여서 버겁게 느껴진다. 버겁고 어쩔 수 없을 때 사람은 스트레스를 더 받게 되어 있다. 그래서 아이들에게 무엇을 아는지 질문하기보다는 어떤 느낌과 감정인지 질문하는 것이 훨씬 유용하며, 양육 환경을 훨씬 수월하게 만들 수 있다.

또한 자신의 감각과 감정을 잘 느끼고 표현하는 아이들은 자존감이 높다. 자신이 느끼는 것이 명확해서 확신도 있지만 충분히 자신을 쓸모 있게 활용하고 있음을 스스로 느끼기 때문이다. 감각과 감정은 이성적인 생각보다 훨씬 빠르다. 어른들도 물건을 산다거나 할 때 머리로 판단하기 이전에 좋고 나쁘다는 선호 판단이 감각적으로 일어나고 있다는 것을 알 수 있다. 판단과 표현이 서툰 아이들은 이런 감각과 감정의 느낌과 상호작용을 통해 자신에 대한 존재를 안정적으로 확신하고 존중감을 높인다. 물론 그 감각과 감정을 부모나 양육자와 상호작용하면서 이루어진다.

## 아이를 똑똑하게 만드는 훈련

감각과 감정은 활용할수록 미세하게 발달하고 이를 바탕으로 조절이나 활용할 수 있는 기회를 가진다. 자신이 느끼는 감각과 감정을 표현해서 부모의 기분을 좋게 만들고 이때 적절하게 자신의 요구를 내놓는 눈치 빠른 아이들을 볼 수 있다. 감각과 감정을 잘 느끼고 표현하는 아이들은 속에 있는 감각과 감정을 담당하는 뇌 부위와 겉에 있는 이성적 뇌 부위가 수직적으로 잘 연결되어 있다고 볼 수 있다. 뇌가 골고루 균형 있게 상호작용할 수 있는 소통의 고속도로가 잘 형성된 것이다.

영국 킹스칼리지 정신의학 연구소의 사이코패스 연구에 의하면 흉악범죄자 스무 명의 뇌를 스캔한 결과 감정의 뇌인 변연계와 인간의 뇌인 전전두엽을 연결하는 네트워크의 손상이 두드러지게 나타났다고 한다. 사회적으로 나타나는 인간 문제의 많은 부분이 편중된 뇌의 비활성화나 손상으로 해석되는 경우가 많다. 극한의 예를 들지 않더라도 아이들의 감각과 감정은 어른들의 언어와 같다고 볼 수 있을 만큼 중요하다. 욕구, 동기, 생각, 조절 등 고차원적인 능력을 좌우한다고 볼 수 있다. 돈 들이지 않고 아이를 똑똑하게 만드는 방법이 바로 감각과 감정 훈련이다.

## ● 천천히 감각의 변화를 경험할 수 있는 기회

아이의 머리나 얼굴을 부드럽게 어루만지기도 하고, 아이의 손 위에 부모의 손을 살짝 얹어놓았다가 조금씩 꽉 쥐어보기도 하고, 부드럽게 눈을 맞추기도 하며 대화하자. 말을 하지 않아도 충분히 대화가 가능하다.

또한 물 온도를 조금씩 달리하며 몸의 각 부위에 뿌려보거나 작은 소리를 다양한 간격으로 들려주면서 아이들의 반응을 살피고 놀아보자. 같은 감각이라도 편안하면서도 다양하게 경험할 수 있는 기회는 감각적 안정감을 발달시켜준다. 영유아들에게 할 수 있는 이런 놀이는 학령기와 청소년기 심지어는 어른들의 감각 인식을 위해서도 다양하게 응용할 수 있다.

## ● 느낌 살피고 말하기

특정 상황에서 아이들이 느끼는 감각을 물어보고 자주 표현할 수 있도록 도와주자. 두렵거나 화가 나거나, 슬프다는 것은 어떤 느낌인지 물어보자. 힘이 빠지고, 심장이 두근두근하고, 오줌이 마렵거나, 눈물이 나거나, 몸이 꼬이거나, 어떤 소리가 크게 들리거나, 손가락이 간지러운 등 무엇이든 아이들이 감각을 표현할 수 있는 기회를 주자. 그러면 감각과 감정이 분리되고 아이가 감각과 감정의 주인이 되어 조절할 수 있는 힘이 자연스럽게 늘어난다.

## ● 먹기 놀이와 명상

전통적인 명상을 스트레스 이완에 도움이 되도록 과학적이고 현대적으로 만든 '마음챙김 명상'에는 건포도 명상이라는 것이 있다. 건포도 한 알을 손끝으로 집어 입안에 넣고 씹기까지 그 느낌을 천천히 관찰하는 것인데 시간이 15~20분 정도 걸린다. 아이들에게 건포도 대신 초콜릿이나 사탕을 하나 먹게 하고는 다시 초콜릿을 하나 더 주어서 따라 해보자. 손끝으로 초콜릿을 쥘 때의 느낌은 어떤지, 크기와 모양은 어떤지 천천히 관찰한다. 먹기 위해 입술에 대는 촉감은 어떠하며, 살짝 물고 있는 느낌과 조금 깨물고 있는 느낌도 살펴보자. 맛은 어떤지, 입 안에서 천천히 녹으며 변하는 느낌은 어떤지 그때 머릿속에 드는 생각들을 살펴보고 이야기 나누면 된다.

스스로의 감각에 집중하는 길을 만들어줄 수 있으며 싫은 감각들 앞에서 긴장하지 않고 느긋하게 즐길 수 있는 힘을 키워줄 수 있다.

## ● 바디스캔 놀이

마음챙김 명상을 수행하는 방법에 바디스캔body scan이라는 수련 법이 있다. 몸의 긴장을 풀고 편안하게 앉거나 누워서 발끝에서 머 리까지 천천히 자신의 감각을 살피는 훈련이다. 주의를 자기 몸의 감각에 집중하여 발끝에서 몸의 굴곡을 따라 이동하면서 바닥과 닿 는 느낌, 압력, 통증, 불편함, 편안함을 점검하며 느끼다 보면 세밀 한 감각을 깨닫게 될 뿐만 아니라 아주 쉽게 이완감을 경험하게 된 다.자신의 몸을 느끼는 데 꼭 전문적일 필요는 없다.

초등학교 고학년 미만의 어린 아이들은 부모가 손을 부드럽게 잡고 누르며 이끌어주면 좋다. 손으로 몸을 만지면서 바디스캔을 하며 느끼도록 해주면 된다. 소리굽쇠나 싱잉볼과 같이 약간의 진 동이 있는 물체를 이용해도 좋다. 몸의 각 부위에서 느낌이 어떻게 다른지 확인하는 놀이를 재미있게 할 수 있다. 물체를 배 위에 올리 거나 머리, 발끝에 두고 그 진동을 느껴보고, 세게 쳤을 때와 약하게 쳤을 때 미세한 차이를 서로 이야기해보는 것도 좋다.

## ● 신뢰성 게임

신뢰성 게임이란 주로 다른 사람을 믿고 과감한 행동을 수행하는 놀이를 말한다. 예를 들어 밑에서 여러 사람들이 받아줄 것을 믿고 약간 높은 곳에서 자신의 몸을 떨어뜨리는 것이다. 이런 신뢰성 게임은 신뢰와 협력뿐만 아니라 감각인식을 높이는 데 유용하다. 아이들에게 많이 하는 신뢰성 게임 중에서 눈을 가리고 하는 술래잡기가 있다. 시각을 제한한 상태로 박수나 은은한 종소리를 들으며 목표 지점을 찾아간다. 또는 눈을 가리고 줄을 잡아 앞 사람을 따라가는 놀이도 좋다. 일상의 감각을 제한한 상태에서 다른 감각을 활용할 수 있는 활동들은 감각을 발달시켜줄 뿐만 아니라 특정 감각에 의해 감정이 왜곡되는 것도 예방할 수 있다.

# 4장

# 부모가 줄 수 있는
# 최고의 유산

# 경청의 순간,
# 두 사람의 뇌파가 일치한다

## 무조건 듣는다고
## 경청은 아니다

　다른 사람의 말을 잘 듣지 않는 아이들은 실수가 많다. 잘 듣지 않았기 때문에 정보와 상황을 몰라 실수하고는 불이익을 당하는 자신이 억울하다고 느낀다. 친구들의 말은 듣지 않고 자신의 말만 일방적으로 하거나 다른 의견을 내는 친구를 적대적으로 공격하기도 한다. 의사소통이나 사회성에 문제를 많이 느끼게 되고 불필요한 갈등도 자주 겪게 된다.

　의사소통 스타일은 습관이다. 오랜 시간 주변 환경에 의해 반복적으로 학습된 것이다. 다른 사람의 말을 잘 듣지 않거나 생각하면서 경청하지 않는 아이들은 부모와의 대화를 관찰할 필요가 있다. 아이들과 대화하면서 섣불리 개입하고 아이들의 말을 끊고 야단을 치거나 일방적으로 조언하려는 부모의 아이들은 경청이 힘들다. 권위주의적이고 명령조로 말하는 부모의 말투에서 아이들은 경청하는 것이 익숙하지 않게 된다.

이때 아이들과 부모의 관계는 좋다고 할 수 없다. 경청은 관계를 장악한다. 잘 들어주는 사람은 항상 관계가 좋다. 어린 아이들에게 가장 친한 사람은 부모다. 초등학교 고학년이나 중학생 시기로 넘어가면 친구들이 가장 친한 사람이 된다. 자신의 이야기를 잘 들어주며 잘 통하는 사람이기 때문이다. 어릴 때뿐만 아니라 성장하면서도 아이들과 좋은 관계를 맺고 있는 부모는 아이들의 말을 잘 들어주는 부모다.

경청은 쉬운 것 같지만 무척 어렵다. 말하면서 자신의 존재감을 나타내려는 사람의 속성도 탓도 있지만, 말하는 것을 억제하고 조절하면서 상대의 의도와 상황을 함께 이해해가며 들으려면 정밀한 두뇌 활동을 요구하기 때문이다. 그래서 경청하며 대화하는 습관만으로도 주의력, 조절력, 이해력, 판단력 등 고차원적인 뇌를 발달시키는 좋은 훈련이 될 수 있다. 경청은 무조건 듣는 것이 아니기 때문에 경청에 대해 좀 더 이해할 필요가 있다.

## 어떤 부모가 되어야
## 아이의 자존감이 높아질까

인간의 내적 동기와 회복력에는 '관계'라는 요소가 포함되어 있다. 활력 있게 움직이고 어려움을 극복하는 사람의 능력에는 좋은 관계와 관계 속에서 느끼는 만족이 중요하다는 의미다. 그런데 관계에 대한 개인의 만족은 자신이 느끼는 소통의 만족에 기초한다. 즉, 상호 인정과 배려, 존중이 서로 맞물리고 신뢰가 쌓이고 있다는 확신과 만족이다.

아이들에게 이런 관계와 소통의 만족은 부모의 경청에 의해 형성된다. 아이들의 경청하는 능력은 자신의 이야기를 경청해주는 상대나 환경에 의해 만들어진다. 경청이 중요한 이유는 어린 시절 뿐만 아니라 어른이 되었을 때의 삶에도 영향을 주는 시스템이기 때문이다. 경청을 통해 인정받고 존중받고 있다는 믿음은 자기 존재에 대한 확신을 높여준다. 그래서 경청이 습관화된 문화의 아이들은 그 자체로 자신감과 자기존중감이 높다.

아이들에게 경청은 생각하는 힘을 키워서 생각을 확장시킬 뿐 아니라 의사소통 능력과 읽기, 쓰기, 주의집중력의 차이를 만들기도 한다. 경청이 집중력과 다양한 정보의 통합, 상상하고 시뮬레이션을 하는 고차원적인 뇌를 활성화하기 때문이다. 부모의 경청은 아이들의 심리적 안정과 존재감은 물론 종합적이고 섬세한 뇌를 발달시키는 역할을 한다.

## 우리는 듣기보다
## 말하기가 익숙하다

　일반적으로 듣는 것hearing은 생물학적 기능을 말하고 경청listening은 인간 고유의 정신적이고 문화적인 과정을 말한다. 즉, 듣는 것은 감각기관의 기능으로 듣는 것이지만 경청은 상대의 상황과 맥락을 이해하며 생각과 의도를 함께 듣는 것이다. 상대를 인정하고 배려하고 존중하는 마음으로 한 발 앞으로 다가가 들으려는 의도가 없이는 힘들다. 상대와 온전히 연결되지 않고서 경청은 힘들다.

　경청을 할 때 사람들의 뇌파는 일치하며 공감을 만들어낸다. 단지 귀로만 듣는 과정과는 다르게 경청을 통해 뇌는 감각기관의 정보를 종합적으로 처리하며 정교한 발달을 만들어나간다. 경청은 상대의 입장을 이해하려는 의도와 함께 주의를 상대에 집중하고 유지할 수 있어야 한다. 그리고 뇌의 여러 부위를 활성화시키고 상호작용해야 가능한 일이다. 경청은 뇌의 주의집중과 조절, 균형이 유지되어야 가능한 것이기 때문에 장기간의 노력과 습관이 필요하다.

　사람은 자기 자신에 대한 애착과 존재감 때문에 듣기보다 말하고 표현하는 것에 대한 욕구가 더 많다. 어떤 실험에서는 돈을 받고 듣는 것보다 돈을 내고 말하는 비율이 높은 것으로 나타났는데, 그 이유도 여기에 있다.

경청은 생각을 키워주고 뇌를 발달시켜준다. 경청의 효과를 정리해 보면 다음과 같다.

① 주의력과 함께 뇌를 발달시키고 생각을 키우게 한다.
② 말하는 사람이 마음의 문을 열어 생각과 감정을 표현하도록 한다.
③ 끝없이 말하게 하고 스스로 문제를 해결하도록 돕는다.
④ 생각을 확장시켜 스스로의 잠재력을 확인할 수 있도록 한다.
⑤ 듣는 사람은 상대를 돕고 정보와 지식을 얻는다.
⑥ 상호몰입을 증진시켜 다른 사람을 이해할 태도와 기회를 가진다.

그렇다면 어떻게 해야 경청하는 것일까. 먼저 '내가' 중심이 아니라 '상대방'을 중심으로 들어야 한다. 그리고 상대의 말을 언어중심으로 듣는 것이 아니라 말하는 의도, 감정, 맥락과 상대가 처해있는 상황을 고려하며 들어야 한다. 이런 것을 맥락적 경청contextual listening이라고 한다.

또한 말하는 사람의 눈을 보고 고개를 끄덕이며 관심을 표하는 말을 건네고 맞장구를 치며 듣는 것을 적극적 경청active listening이라고 한다. 이렇게 경청은 적극적이고 상황과 맥락을 고려하며 상대의 입장에서 듣는 것을 말한다. 감각적이고 감정적인 뇌와 통합하고 판단하는 뇌를 다각적으로 활용하도록 한다.

# 아이가 반드시 느껴봐야 할
## '존중받고 있는 분위기'

아이들의 경청과 공감 능력은 부모와 양육자의 경청과 공감을 받으며 자란다. 자존감과 신뢰를 얻기 위해 특별한 교육과 활동을 할 필요 없이 아이들의 말을 경청해주는 기회만 늘려도 충분하다. 그래서 자신이 인정, 배려, 존중받는 사람이라는 점을 느끼도록 하는 것이다. 그 속에서 자신의 감각과 감정, 기억을 휘두르며 자신을 표현하는 느낌을 뇌에 각인시키는 것이다. 공감하는 경청의 기술을 다시 정리하자면 다음과 같다.

· 몸은 상대방을 향하게 한다.
· 말하는 사람의 눈을 바라본다.
· 고개를 끄덕이거나 손뼉을 치며 공감을 표현한다.
· 맞장구를 치도록 하며 상대가 사용한 단어를 입으로 반복해도 좋다.
· 때로는 간단한 질문과 함께 듣는다.
· 인정, 칭찬, 감탄하는 말과 함께 듣는다.
· 마음은 온전히 상대에게 집중한다.
· 상대의 의도와 감정, 상황을 이해하도록 한다.
· 말하지 않는 부분도 함께 듣는다.

경청에 가장 큰 걸림돌이 되는 것은 자신의 습관이나 생각의 틀을 가지고 판단하고, 자신의 입장을 강요하는 질문과 충고를 던지거나 해설하려는 태도들이다. 이는 아이들을 대할 때 부모들에게 쉽게 나타나는 모습이다. 있는 그대로 듣지 않고 의도와 감정 및 상황을 상대의 입장이 아니라 자신의 동기와 행동에 맞춰 유추해버리는 것도 경청을 힘들게 한다. 경청을 하지 않을 때 속단과 과잉일반화, 상대의 마음을 읽고 있다는 착각에 의한 독심술, 감정에 압도되어 미리 판단 내리기 등 인지적 오류가 발생한다. 인지적 오류는 뇌가 발달하지 못하거나 굳어진 결과라고 말할 수 있다. 나이가 들거나 뇌가 굳어질수록 경청을 하기 어렵다고 하는 이유가 여기에 있다.

● 때로는 부모가 아니라 친구처럼

아이들의 말을 경청하지 못하는 것은 부모의 의도와 판단 욕구
때문이다. 그래서 아이들 입장에서 즐겁게 들을 수 없다. 빠져들지
못한다. 친구들처럼 들어주지 못한다. 어떤 의도나 판단이 아니라
말하는 아이의 입장에서 친구처럼 듣다보면 그 속에 흥미와 재미가
있다.

어른이 아이처럼 놀기는 힘들다. 그래서 아이와 놀아주기가 곤
혹스럽기도 하다. 의도와 판단하려는 태도를 벗어나면 경청은 절로
되고 함께 노는 것이 즐거워진다.

● 맞장구만 잘 쳐도 경청이 완성된다

아이들이 무슨 말을 하면 일단 그 말을 거울에 비추듯 맞장구쳐
보자. 아이가 "이거 먹기 싫어"라고 말하면 "음식을 가리면 안 돼! 건
강하려면 이런 것도 먹어야 돼!"라고 말하기 전에 "그래, 먹기 힘들

지?"라고 해주자. 이런 것을 반영적 경청이라고 한다. 아이는 자신의 감정과 의도를 부모가 일단 듣고 있다는 확신을 갖게 되며 여기에서 오는 안정감으로 인해 아이를 설득하기도 수월해진다.

## ● 질문이 아이의 속마음을 열어준다

"그때 네 기분은 어땠어?"처럼 아이들이 이야기할 때 아이들의 감정, 상황 등을 질문만 잘해도 이야기에 빠져든다. 아이들이 이야기하는 상황이나 타인의 표정, 감정 등을 묻게 되면 종합적으로 생각하는 힘과 자신이 말하지 않은 부분까지도 고려하면서 말하는 능력을 키울 수 있다. 부모의 경청은 자연스럽게 열린 질문으로 이어져 반감 없이 아이들이 속마음을 털어놓게 하고 부모의 잔소리도 줄어들게 해준다. 부모의 잔소리와 아이들의 반감은 경청하지 않아 질문하지 못하는 상황의 결과들이다.

# 감사하는 태도가
# 마음의 항체를 생성한다

무엇인가를 잃어버린 후에야
소중함을 깨닫듯이

우리는 살아가면서 수많은 역경과 가슴 아픈 일을 겪게 된다. 아이들도 마찬가지다. 부모가 곁에 있을 때나 부모가 돌봐주지 못할 때나, 아이들은 자신 앞에 놓인 역경과 문제를 극복하며 행복을 만들어가야 한다. 모든 부모들이 간절히 바라는 것이기는 하지만 그런 회복력과 행복을 만들어갈 자산을 확실하게 물려주는 부모는 얼마나 될까. 그리고 그런 방법은 무엇일까.

부정적인 상황에서도 삶을 긍정적으로 바라보며 역경을 이겨낼 방법, 행복을 만들어갈 방법으로 '감사'만한 것이 없다. 하지만 요즘 아이들은 각 가정에서 너무 소중한 존재가 된 나머지 감사한 마음을 갖기 힘든 상황에 놓여 있다.

## 풍요 속에서
## 자라는 아이들

부모들은 하나뿐인 아이라며 모든 것을 다 해주고 싶어 한다. 맞벌이 부모가 많다보니 자주 놀아주지 못하고 돌봐주지 못한 미안함에 원하는 것은 무작정 다 들어주는 편이다. 이런 물질적 지원과 풍요로움은 아이들에게 너무 당연하게 받아들여지기 쉽다. 미안한 마음을 보상하듯 아이들에게 주어지는 풍요는 아이들이 감사할 줄 모르도록 만든다. 부모의 바람과는 다르게 아이들이 받는 것을 당연하게 생각하고 감사할 줄 모른다고 말하는 사람이 많다. 부족한 시절에는 감사할 것이 오히려 많았다. 몸이 튼튼할 때는 모르지만, 건강을 잃고 나서 다시 회복하고 나면 아프지 않고 살아가는 것 자체를 감사하게 된다. 이렇게 감사는 자신의 주변을 성찰하는 능력에서 생겨난다. 감사를 느끼고 실천함으로써 성찰하는 능력이 형성된다. 감사를 느낄 때 환경을 긍정적으로 인식하며 배려하고 나누는 인성이 깃든다.

# 심장 박동과 뇌파가
공명하다

뇌에 긍정적인 길을 만드는 좋은 방법 중 하나는 감사 습관이다. 안정적이고 긍정적인 뇌의 상태가 감사할 때 만들어지기 때문이다. 우리가 감사할 때 심장 박동과 뇌파는 정확하게 일치하며 공명을 이룬다. 감사함을 느낄 때, 긍정적인 감정을 경험할 때 뇌가 활성화된다. 감사가 고차원적인 전전두엽을 깨우고 긍정적인 감정을 유발하는 신경전달물질을 만들어낸다는 것은 신기한 현상이다.

감사는 단순한 감정의 반응 그 이상이다. 평소 감사를 통해 편안하고 안정적이면서 긍정적인 뇌의 길이 만들어지는 것이다. 몸과 마음이 안정적인 상태에서 외부에 대한 수용력을 높여주는 효과가 있다. 긍정적일 때 최고로 발휘되는 뇌가 아이들의 뇌다. 바로 감사를 통해 아이들의 뇌를 변화시킬 수 있다.

대부분의 종교 활동에는 감사 의식이 포함되어 있다. 그리고 긍정성과 회복력 훈련에서도 '감사하기'가 핵심적으로 활용되고 있다. 인간에게 감사는 자신이 더 큰 존재나 울타리와 연결되어 있다는 안정감을 준다. 감사는 평소에 잘 보이지 않던 긍정적인 측면과 가치를 보게 만들고 우리의 주의를 긍정적인 곳에 집중시키도록 만들어준다.

물론 아이들에게는 이런 현상들이 무의식적으로 일어난다고 하더라도 뇌의 연결성이 강화되고 감정과 충동의 조절이 쉽게 달성된다. 그래서 수용력이 높아지고 어렵고 힘든 일에도 도전하거나 극복하려는 동기를 가지게 된다. 뇌의 소통이 잘 일어날 때 부정적인 감정을 쉽게 극복할 수 있게 된다는 말과 같은 의미다. 뇌의 긍정적인 '길'이라고 말한 것은 어릴 때 잘 활성화된 뇌는 자연스럽게 어른이 되어도 쉽게 잘 활성화된다는 의미를 가지고 있다. 그래서 감사하는 습관은 좋은 유산처럼 뇌에 흔적을 남길 기회가 된다.

## 감사일기가 가져오는
## 몸과 마음의 회복력

대학생을 대상으로 한 감사일기 실험에서 감사일기를 쓰는 학생들은 그렇지 않은 학생들에 비해 삶을 긍정적으로 수용하고 행복지수도 높은 것으로 나타났다. 이뿐만 아니라 감사는 우리를 더욱 건강하게 만들어준다. 감사를 자주 느끼는 사람은 그렇지 않은 사람에 비해 질병에 잘 걸리지 않고 걸려도 회복이 빠르다고 보고되고 있다. 감사일기를 쓰게 한 심부전 환자의 염증 수치가 크게 낮아지기도 하고 다혈질의 과격한 성격이 사라지면서 보다 즐겁고 행복함을 많이 표현하는 성격으로 변했다는 것이다.

우리가 무엇인가에 감사할 때 뇌의 혈액량이 증가하면서 엔도르핀 등의 호르몬이 활성화되고 면역력이 증대된다. 감사는 분노, 화 등 불편한 감정을 덜 느끼도록 스트레스 완화제 역할을 하고 부정적 감정을 쉽게 극복할 수 있도록 돕는다. 이렇게 인간에게 감사는 심신의 건강을 지키고 회복력을 높이는 충분한 근거를 가지고 있다. 연구 결과를 확인하지 않더라도 감사의 습관이 잘 갖추어진 아이들은 건강하고 인성이 잘 갖추어진 아이들임을 주변에서 확인할 수 있다.

## 사소한 것에 대한 감사에서 존재에 대한 감사로

감사하는 데도 노하우도 있을까? 작은 것에서부터 감사하는 습관을 키우려면 약간의 훈련이 필요하다. 아주 감사할 만한 일도 일상화되면 고맙다는 감정이 생기지 않는다. 당연하다고 생각하는 만큼 의식하지 못한다. 그래서 감사한 일을 찾아 말해보라고 하면 특별히 생각나지 않아 고민스러워진다.

아이들에게 감사한 마음과 습관을 길러주기 위해서는 부모가 먼저 훈련을 해야 한다. 매일 다섯 가지 감사한 이유를 적어보자. 그러면 그 다섯 가지를 적기 위해서 하루를 생활하면서 감사한 이유를 매 순간

찾게 된다. 거창한 것만 찾다가는 '감사한 이유 다섯 가지'란 참 어려운 과제가 된다. 감사 훈련은 아주 사소한 것을 찾는 과정이다. 무사히 일어나 학교나 직장에 갈 수 있었다는 사실, 가족과 맛있게 먹은 아침, 맑은 하늘을 본 일, 웃으며 집으로 돌아오는 아이의 얼굴에 감사함을 표현하는 것이다. 그러면 소유할 수 있거나 받아서 감사한 것들이 점점 존재 그 자체의 감사함으로 변하게 된다.

감사함을 찾는 것 그리고 느끼는 것, 이를 표현하는 것도 반복적으로 훈련되어야 한다. 부모가 변하고 표현하고 아이들과 감사의 상호작용을 많이 할 때 아이들도 자연스럽게 같은 습관을 가지게 되면서 세상에 대해 편안하고 긍정적인 마음을 품게 된다.

가장 중요한 것은 무엇을 소유해서, 누릴 수 있어서, 혜택을 받아서 감사하기보다는 아이라는 존재 그 자체를 감사하는 것이다. 그러기 위해서는 긍정성을 늘려야 한다. 세상의 긍정적인 면을 찾으려는 노력은 감사를 만들고 감사는 다시 긍정성을 높이게 된다. 감사는 뇌의 변화와 조절력을 반드시 필요로 한다. 부모나 아이의 감사 훈련은 뇌가 변하고 조절력을 높이는 효과로 귀결된다.

## ● 아이가 소중하게 생각하는 것

어떤 경우든 아이들이 소중하게 생각하는 것을 들어주고 그것을 인정할 때 자신은 소중한 존재라는 사실을 인식하게 된다. 아이들의 행동을 판단하기 전에 의도를 묻고 의미 있어 하는 것을 존중해 줄 때 아이들은 자신의 존재에 대해 감사하기 마련이다. 아이들이 소중하게 생각하고 의미를 두는 것이 무엇인지 들어주고 존중해주자. 아이들이 자연스럽게 감사를 경험하게 된다.

## ● 관찰과 의미 있는 설명이 감사를 키워준다

감사는 그저 감정적인 반응이 아니다. 생각하고 의미를 읽을 수 있을 때 가능하다. 자연이나 주변 사람의 행동을 유심히 관찰하고 긍정적인 의미를 발견할 수 있어야 한다. 땅의 박테리아와 지렁이가 대지를 비옥하게 만들어주고 농부가 정성껏 건강한 작물을 길러주기 때문에 우리는 맛있는 밥을 먹을 수 있다는 사실을 자세히 설명해보자. 유심히 관찰하면 아이들이 누리고 있는 모든 것은 감사로 연결되어 있다는 것을 인식하게 된다. 관찰과 작은 것이라도 의미 있게 설명해주는 배려가 아이의 감사 능력을 높이고 뇌를 변화시킬 수 있다.

## ● 다행인 이유를 적거나 생각하면 감사가 살아난다

아이를 낳아본 부모라면 알 것이다. 양수 검사를 할 때부터 태어나는 그 순간까지 손가락과 발가락이 정상적으로 태어난 것만으로도 간절히 감사하게 된다는 사실을. 어찌 보면 당연한 것들이지만 일상에서 다행인 이유를 찾다보면 감사할 이유가 늘어난다. 매일 감사하는 것이 힘들다면 부모 스스로와 아이들에게 다행인 이유를 말하게 해보자.

## ● 소유보다는 존재를, 받는 것보다는 주는 것을

감사하는 부모가 감사하는 아이를 만든다. 주변에 감사할 것이 넘쳐나지만 감사하는 습관이 쉽지 않은 것은 감사에 대한 관점이 살아나지 않아서 그렇다. 소유하는 것, 무엇인가를 받는 것, 양적으로 풍요로운 것에 감사하는 일이 익숙해서 그렇다. 사실은 숨을 쉬는 것, 볼 수 있는 것, 걸을 수 있는 것, 이렇게 존재하는 것 모두 감사할 일들이다. 사소한 것이라도 그것이 사라졌거나 건강을 잃었을 때는 너무도 감사하고 소중하다. 매일 감사를 표현하고 감사일기를 규칙적으로 쓰면서 존재 자체에 대한 감사, 받은 것보다는 주는 것에 대한 감사, 양보다는 질적인 것에 대한 감사를 찾아보자.

## ● 감사일기와 감사카드

머릿속으로 아는 것은 쉽지만 말하는 것은 힘들다. 말하는 것은 쉬워도 쓰기는 힘들다. 뭔가를 쓴다는 것은 인식하고 생각하고 조절하는 일을 동시에 한다. 그래서 익숙하지 않으면 어렵게 느껴진다. 뇌도 뭔가를 쓸 때 훨씬 많은 부분들이 활성화된다. 감사를 글로 적으며 표현하면 피상적인 것들의 의미가 마음 속 깊이 파고든다.

매일 감사일기를 쓰거나 감사카드를 적는 일은 감사와 긍정을 훈련하는 가장 단순하고 강력한 방법이다. 하루에 한 번이 아니더라도 아이들에게 감사카드를 간단하게 적어 가방에 넣어준다면 부모와 아이의 변화가 함께 일어난다. 일주일만이라도 온 가족이 감사를 글로 쓰고 나누는 활동을 의도적으로 해보면 어떨까.

# 기억과 언어의 뇌를
# 자라게 하는 스킨십

## 몸으로 전하는
## 사랑의 언어

평소 스킨십이 부족한 아이들은 정서적으로 불안하고 산만하며 신경적으로 예민한 돌출행동을 많이 하는 편이다. 부모와의 애착관계가 안정적이지 못해서 자신감이 떨어지고 사회성을 발휘하는 데도 부족함이 많다. 그런데 이런 아이들을 안아주고 손을 잡아주며 등을 두들겨주는 등 스킨십을 늘려나가면 신뢰감이 쌓이면서 자신감이 살아난다.

아이에게 부모가 사랑한다는 확신을 주는 방법으로는 스킨십만한 것이 없다. 아이들과 애착관계를 형성하고 신뢰를 쌓아가는 가장 좋은 방법이다. 아이들은 스킨십을 통해 자신의 존재를 느끼고 안정감을 갖는다. 그런 안정감을 기반으로 자신의 욕구와 호기심을 적극적으로 채운다. 그래서 충분한 스킨십을 하며 자란 아이들은 정서적 안정성은 물론 자존감이 높다. 자신의 존재 가치와 자신의 능력에 대해 자신감을 가지고 있다. 무의식적으로 세상을 살아가는데 백그라운드가 존재한다는 것을 온몸으로 느끼게 한다.

무엇보다 스킨십은 뇌 발달과 밀접하게 연관되어 있고 기억과 언어, 학습을 담당하는 뇌와 연결되어 더 똑똑한 아이로 만드는 데 기여한다. 평생 자신의 존재에 대한 확신은 스킨십을 통해 전달되는 부모의 사랑이 만들어주는 것이다. 아무리 부족함이 많아도 사랑의 언어라고 할 수 있는 스킨십은 잘 통용되어야 한다.

## 우리의 뇌는
## 감각을 통해 연결된다

스킨십, 접촉이 사람들과의 관계에서 중요한 이유는 피부가 뇌의 신경회로와 전방위로 연결되어 있기 때문이다. 피부를 통해 수많은 정보가 감지되고 상호작용하며, 뇌가 자극을 받는다. 또한 정서가 안정되고 뇌가 건강해지며 스트레스가 해소된다. 나이가 들면 피부 감

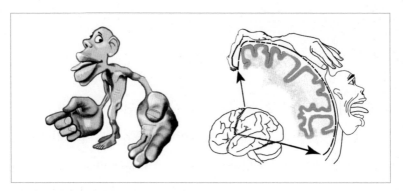

호문쿨루스(Homunculus)

호문쿨루스라고 불리는 이 모형은 뇌와 신체 각 부위별 연관성을 보여준다.

각의 수용체가 둔감해지고 뇌도 둔해진다. 스트레스 상황에서 피부는 거칠고, 차갑고 굳어지지만 안정적일 때는 그 반대다. 이렇게 피부는 뇌와 직접 연결되어 우리 온몸의 상호작용에 영향을 준다.

사람의 신체 부위와 연결되어 있는 뇌 영역의 크기에 비례하여 표현한 사람 모형이 있는데 이것을 호문쿨루스homunculus라고 한다. 이 모형을 보면 실제 사람에 비해 손과 입술 그리고 혀가 상대적으로 크게 표현되어 있다. 그만큼 손, 입술, 혀가 뇌와 폭넓고 밀접하게 연결되어 상호작용하고 있다는 것을 알 수 있다. 스킨십은 뇌를 만지는 것과 같다.

## 미숙아의 체중을
## 47퍼센트나 증가하게 하는 마사지

태아의 초기 자극 중에서 촉각 경험이 가장 먼저 시작된다. 인큐베이터에서 신체 접촉 없이 2년을 보낸 아이는 두뇌 발달이 느리고 스트레스 호르몬의 수치가 높았다. 그런데 하루 15분씩 마사지를 하면 미숙아의 체중이 47퍼센트나 증가한다는 연구가 있다. 이뿐만 아니라 부모와의 신체적 접촉이 많은 사회일수록 성인 폭력이 적어진다는 보고도 있다.

미국의 심리학자 해리 할로우Harry Harlow 교수의 '수건 엄마 실험'을 보면 스킨십이 사라졌을 때 일어나는 현상을 잘 이해할 수 있다. 할로우 교수는 원숭이를 대상으로 실험하는 도중 어미와 격리되는 새끼 원숭이가 우리 바닥을 덮은 헝겊에서 떨어지지 않으려고 하는 것을 보고 이 실험을 생각해냈다. 실험은 다음과 같다. 한 살 미만의 원숭이에게 두 가지 종류의 가짜 엄마를 제공한다. 한쪽은 젖이 나오지만 철사로 만들어진 모형이고, 한쪽은 젖이 없지만 포근한 수건으로 만들어진 가짜 엄마다. 아기 원숭이는 어느 엄마를 찾을까. 아기 원숭이는 몹시 배가 고플 때만 젖이 있는 철사 엄마에게 갔다가 대부분을 포근한 수건 원숭이에게서 지냈다. 사람뿐만 아니라 원숭이에게도 접촉은 절대적이었다.

이어진 다양한 실험에서 원숭이에게 다른 감각보다 접촉을 통한 감각적 결핍은 뇌에 엄청난 손상을 준다는 사실을 알아냈다. 접촉이 통제된 상태에서 자란 원숭이는 주변에 흥미를 갖지 못하거나 반복된 패턴의 행동을 하고, 어울리지 못하거나 어른이 되어도 아기를 돌보지 않는 이상 증세를 보였다. 호르몬 불균형으로 건강상 힘든 시간을 보내는 경우도 많았다. 젖을 먹인다는 것은 1차적으로 배고픔을 채워주는 행위겠지만 새끼를 안아 빈번한 접촉과 함께 젖을 먹인다는 것은 그 이상의 의미가 있다.

## 억지스러운 정책이 가져온 비극, 차우세스쿠의 아이들

스킨십이 부족했던 2차 세계대전 후 전쟁고아의 비극은 루마니아에서도 찾아볼 수 있다. 루마니아를 공산주의 독재로 지배했던 니콜라에 차우세스쿠Nicolae Ceausescu는 인구를 늘리기 위해서 피임과 낙태를 금지하고 모든 여성에게 네 명의 아이들을 낳게 강제했다. 어기면 벌금을 내게 생긴 여성들은 원하지 않더라도 임신을 하게 되었고, 그 결과 수많은 아이들이 태어났다.

여러 명의 아이를 도저히 키울 수 없는 가난한 가정에서는 고아원에 아이를 버리는 일이 빈번해졌다. 이런 아이들이 모인 고아원에서는 한 명의 보모가 서른 명에 가까운 아이를 돌봐야 했다. 밥을 먹이기도 버거운 환경에서 아이들에게 눈을 맞추고 안아주며 애정을 쏟기는 절대적으로 불가능했을 것이다.

그러던 어느 날, 차우세스쿠 정권이 무너지고 시설에 수용된 아이들이 바깥 세상에 나오게 되었다. 그들이 외부에 노출되었을 때의 상황은 매우 비극적이었다. 그들은 주변과 전혀 상호작용을 하지 못했고, 무감각했으며, 자해를 하는 등 정신적으로 극단적인 행동을 보였던 것이다. 먹고 자며 생존만 했지 신체적 접촉과 상호작용이 없었기 때문이 이 아이들의 뇌는 전혀 정상적인 발달을 하지 못한 탓이었다.

## 접촉은 뇌를 자극하고
## 인지 능력과 정서의 발달을 돕는다

신체의 접촉은 뇌를 자극하여 두뇌 발달뿐만 아니라 인지 능력과 정서적 안정과도 밀접한 관련이 있다. 미국 마이애미 의과대학 접촉 연구소Touch Research Institute는 엄마가 아이를 매일 마사지해주면 체중이 늘고 면역력이 증가하고 정서적 안정으로 숙면을 취할 수 있다고 발표했다. 많은 연구에서 신체적 접촉은 스트레스 유발 호르몬인 코르티

졸의 분비를 감소시키는 효과가 있다고 말한다. 아이뿐 아니라 아픈 사람에게 마사지하듯이 신체적 접촉으로 문질러주면 고통을 완화하는 호르몬인 엔도르핀의 생성을 자극해 통증을 완화하고 스트레스를 줄이는 효과도 있다.

고양이 같은 동물들이 몸을 핥고 털을 손질하는 것을 그루밍 grooming이라고 하는데 이 과정에서 동물들은 안정을 취하고 스트레스를 줄인다. 인간의 경우에도 엄마가 아이를 안고 쓰다듬고 토닥이는 행동을 그루밍이라고 부른다. 이런 행동은 아기와 엄마 모두에게 천국에 있는 듯한 편안함을 제공한다. 이때 분출되는 것이 옥시토신과 세로토닌 호르몬이다. 이런 호르몬은 신뢰와 안정감, 행복감을 느끼게 하고 스트레스를 완화시켜준다. 옥시토신은 스트레스에 대한 저항은 물론 불안과 우울증, 사회적 공포를 경감시킨다. 또한 강력한 진통효과가 있으며 혈압 상승을 막고 심장 질환을 막는 반응도 보이는 것으로 보고되고 있다. 정서적 안정뿐만 아니라 면역을 높이도록 신체가 반응하는 것이다.

촉각은 우리 몸에 가장 폭넓게 분포한 감각으로, 피부는 뇌와 밀접하게 연결되어 있다. 또한 촉각은 태아 때부터 가장 빠르고 광범위하게 발달하는 감각이다. 촉각을 통해 연결되는 뇌신경망이 제대로 발달하지 못하면 전체적인 발달에 영향을 줄 수밖에 없다. 어린 영아와 유아뿐만 아니라 성장한 청소년이나 어른들도 이런 접촉의 욕구가 충족되지 못하면 뇌가 활성화되지 못하고 정서적 안정감도 가질 수 없다. 그래서 욕구불만이나 분노, 집착, 폭력 등이 불균형의 증거로 드러나기도 한다.

전 세계 400여 개 문화권을 조사한 신경심리학자 제임스 프레스콧 James Prescott의 연구 결과에 의하면 어려서 아이를 만져주는 것이 일상적이고 키스와 포옹 등 애정 표현에 개방적인 사회일수록 폭력이 적었다고 한다. 그러고 보면 스킨십은 남녀노소 할 것 없이 신체적, 정신적 건강과 행복을 위해서 매우 효과적인 방법이다. 당장 문제가 있는 아이에게 눈을 맞추고 쓰다듬어주고 토닥여주거나 마사지를 해주면 정서적 안정, 주의 집중력, 학습 능력을 향상시킬 수 있고 충동성과 공격성은 바로 줄어들 것이다.

전 세계에 큰 감동을 준 사진이 한 장 있다. 미국 매사추세츠의 어느 병원에서 촬영된 사진이다. 한 쌍둥이가 태어났는데 그중 동생으로 태어난 아이의 맥박, 혈압, 호흡 등이 경고수치를 넘어 손쓸 도리가 없었다. 그러자 간호사가 아기의 인큐베이터에 쌍둥이 언니를 함께 눕혀줬다. 언니의 꼬물거리는 손이 서서히 동생의 어깨에 닿자 경고수치는 느리게 안정을 찾았다. 작디작은 두 아기가 서로 체온을 나누는 모습은 감각이 기능 그 이상의 것임을 확실히 느끼게 해준다.

역경 속에서, 그리고 나이가 들어가면서 매일 빠지지 말아야 하는 일이 있다. '만지는 것'이다. 정서적 안전망은 마음을 담아 자극하고 연결되는 접촉에 있다. 이런 터치touch가 공감을 만들어내는 하이터치 high touch, 인간적 접촉, 공감의 뜻와 연결되는 것 아닐까? 안아주고 만져주는 것이 공부나 인성 학습을 시키는 것보다 훨씬 효과적인 교육이다.

## ● 아이가 자랄수록 어색해지는 스킨십

마음이 통하지 않으면 스킨십은 힘들다. 그리고 평소에 익숙하지 않으면 스킨십의 감각은 참 불편하고 부자연스럽다. 그래서 아이들이 커갈수록 어색하게 느껴진다. 하지만 스킨십은 사랑의 언어다. 환경에 맞게 아이들이 원하는 방법으로 상호작용할 수 있도록 편안한 방식을 찾아야 한다. 그러기 위해서는 어릴 때부터 지속적인 스킨십이 있어야 한다. 그래야 편안함을 느낄 수 있다.

## ● 촉각 자극 역시 하나의 놀이다

스킨십이 좋다고 매 순간 안고 있을 수는 없다. 스킨십을 통한 놀이를 개발해야 한다. 특히 육아가 어려운 아빠들에게는 아이들이 재미있어 하는 스킨십을 놀이로 끌고 가면 일거양득이다. 가위바위보를 통해 뽀뽀해주기, 비행기 태우기, 아빠가 미끄럼틀이 되기, 아빠 따라 하기, 간단한 파트너 요가, 아빠 허벅지 위에서 아이가 중심잡기 등 짧은 순간이라도 촉각을 자극할 수 있는 놀이를 개발하면 자연스런 애착이 형성될 수 있다.

## ● 아이들을 안고 명상하자

가끔이라도 엄마가 아이를 안고 젖을 줄 때 온몸을 가볍게 쓰다듬으며 온전히 느꼈던 감사와 평온함을 느끼자. 모든 것을 내려놓은 상태에서 느긋하게 아이를 안고 그 감각을 느껴보자. 아이와 부모, 모두가 평화와 안정을 찾게 될 것이다. 아이가 조금 컸다고 생각되더라도 1분만 아무 생각하지 말고 안아보자. 억지로 할지라도 분명히 변화를 느낄 것이다.

## ● 추억의 패턴을 만들어보자

아이를 깨울 때 이불 속에 같이 들어가 어루만지며 깨우거나 '쭉쭉이 체조'처럼 몸의 여러 곳을 가볍게 눌러주면서 잠을 깨워보자. 잠들기 전에 이불 안에 들어가 책을 함께 읽는다거나 반복되는 일상에서 자연스러운 스킨십의 패턴을 만들어보자. 아이들과의 스킨십이 자연스럽지 못한 부모도 아이들과 헤어지거나 만날 때 안아주는 등 서로 인정하는 방식으로 추억을 만들어보자.

## ● 발 마사지 가족회의

어떤 가정에서는 일주일에 한 번은 의무적으로 서로의 발을 씻어주는 가족회의를 한다고 한다. 어차피 저녁 시간에 발을 닦아야 하는데 그것을 빌미로 서로의 발을 마사지해주며 스킨십을 실천하는 것이다. 발을 씻어주면서 이런저런 이야기를 나눈다. 의무적으로 하는 단순한 활동으로 서로가 바쁜 일상에서 마음이 연결되고 위로를 얻을 수 있다. 발은 고생을 가장 많이 하지만 무디고 만져주기 힘든 곳이다. 발을 닦아주거나 서로 간단히 마사지를 해주면 가까운 사람과의 특별한 교감을 만들 수 있다. 정서뿐만 아니라 건강도 함께 관리해주게 된다.

## ● 엄마 손이 약손, 배 마사지

어릴 적 아플 때면 엄마가 배를 어루만져 주셨다. 누구나 어른이 되어도 그 편안함을 마음 깊이 간직하고 있다. 장청뇌청腸淸腦淸이라고 장이 맑으면 뇌도 좋다는 표현이 있다. 장에는 암세포만 골라 죽이는 NKnatural killer 세포를 비롯하여 면역세포의 70퍼센트가 존재한다. 행복호르몬인 세로토닌과 활력 호르몬인 도파민을 활성화시키는 주역이 바로 배에 있다. 평소에 배를 만져주면 몸과 마음을 편안하게 해준다. 아프거나 통증이 심할 때는 더더욱 배를 부드럽게 쓰다듬어보자. 심신을 건강하게 하고 뇌를 발달시키면서 부모의 애정이 특별하게 연결될 수 있다.

# 미래 사회가 요구하는
# 사람이 되려면

## | 미래 사회가 바라는 능력,
## | 타인에 대한 공감

이기적이고 눈치 없는 아이의 근본적 문제는 공감 능력의 결여라고 할 수 있다. 어릴 때부터 이해하지 못하는 경쟁에 노출되고 바람직한 매뉴얼대로 강요받으며 자란 아이들은 타인의 감정이나 입장을 생각해볼 기회가 많지 않다. 자신의 감정이나 생각, 입장을 인정받지 못하고 부모나 상황이 요구하는 것을 따르기 벅찬 아이들은 공감의 뇌가 활성화될 기회가 적다.

특히 학교폭력과 집단 따돌림이 증가하는 원인이 공감 능력의 결여와 밀접한 관련을 가지고 있다. 2천 232쌍의 오스트레일리아 쌍둥이 아동을 5살부터 12살까지 2년 단위로 나눠서 실시한 연구가 있다. 그 연구 결과에 따르면 학교폭력과 집단 따돌림의 경험이 있는 아이들은 평균적으로 공감 능력 지수가 낮은 것으로 나타났다. 특히 가해와 피해를 함께 경험한 아이들의 공감 능력은 훨씬 떨어지는 것으로 조사되었다. 타인의 입장과 아픔을 느끼지 못하는 아이들이 가해자가 될 가능성이 높고 타인의 말과 표정, 태도를 이해하고 상황을 파악하는 능력이 부족한 아이들이 피해자가 될 가능성이 높다.

타인의 감정을 느끼고 타인의 입장에서 생각하고 이해하는 공감은 오랫동안 수많은 상호작용을 통해서 가능하다. 공감에 활용되는 뇌 부위가 발달하지 못하면 발휘할 수 없는 것이 공감 능력이다. 공감은 그저 동일하게 같은 감정을 느끼는 동감sympathy과는 다르다. 공감은 훨씬 더 다양한 뇌 부위가 활성화되고 연결되어야 하고 뇌의 균형이 필요하다. 자기 자신의 감각과 감정을 인식하고 조절하는 능력과 함께 타인의 입장에서 보이는 세상을 상상하고 이해할 수 있어야 한다.

요즘 아이들에게 부족한 것도, 절실하게 요구되는 것도, 미래 인재에게 반드시 요구되는 것도 모두 공감 능력이다. 빠른 변화와 다양성, 창의성이 일상화되는 사회에서 다른 사람의 감정과 입장을 이해하는 것이 지식보다 훨씬 중요해지기 때문이다. 시대의 요구와는 다르게 아이들의 공감 능력을 향상시킬 기회는 점점 줄어들고 있다. '미래 역량이라고 말하는 공감능력에 대해 보다 깊이 이해하는 것은 자녀교육을 위한 우선순위를 결정하는 데 도움이 된다.

## 공감은 태도의 문제가 아니라 뇌 기능의 문제

사람들은 자신의 입장과 자신에게 익숙한 것을 중심으로 인식하고 생각하기 때문에 공감하는 것이 쉽지 않다. 하지만 자신의 기준을 잠시 미뤄두고 타인의 생각, 감정, 입장을 생각한다는 것은 좀 더 복잡하다. 고려되어야 할 사항이 많아진다. 타인에게 공감하기 위해서는 익숙한 자신의 생각을 잠시 멈추고 상대에게 주의를 돌리고 상대의 상황을 살펴야하기 때문에 주의의 조절이 필요하다. 상대의 입장에서 얻은 정보를 다시 종합하여 생각하고 판단한 다음 결정해야 한다. 그래서 공감은 고차원적인 주의와 의식을 필요로 한다. 실제로 공감은 뇌의 여러 기능이 잘 연결되고 통합되어야 발휘할 수 있는 능력이다.

고차원적인 전전두엽이 발달하지 않으면 공감은 불가능하다. 전두엽이 발달되지 않은 어린아이들에게 공감능력을 기대하기 어려운 이유다. 반대로 공감능력이 뛰어난 아이들은 뇌의 연결성과 발달이 좋을 수밖에 없다. 공감은 단지 태도의 문제가 아니라 뇌의 기능적 발달을 요구하고 있다는 의미다. 만약에 공감 능력을 발휘하는 뇌를 평소에 잘 쓰지 않으면 해당 부위가 쉽게 활성화되지 않기 때문에 뜻대로 공감 능력을 발휘할 수 없게 된다. 뇌는 활용하면 활성화되고 활용하지 않으면 비활성화되는 가소성을 가지고 있기 때문이다.

결론적으로 공감은 길러지고 키워지는 능력이다. 잘 발달되고 균형이 유지된 뇌의 시스템으로 발휘되는 능력이다. 정신과 의사나 상담을 하는 사람들처럼 공감 능력이 절대적으로 요구되는 직업에서는 의도적으로 공감 능력을 향상하기 위한 훈련을 하는 이유가 여기에 있다.

## 타인을 받아들이는 능력은 자신을 인식하는 것에서 시작된다

타인의 감정과 생각, 입장을 이해하는 공감 능력에서 가장 중요한 것은 자기 인식 능력이다. 왜냐하면 공감할 때 활용되는 정보나 상황은 타인의 것이지만 이를 느끼고 해석하는 것은 자신의 시스템을 그대로 활용하기 때문이다. 실제로 자신을 인식할 때 활성화되는 뇌의 인슐라insula, 뇌섬엽는 공감 능력을 발휘할 때도 그대로 활용된다. 자신의 생각과 감정을 이해하고 수용하는 시스템이 잘 작동되어야 공감 능력도 원활하게 발휘할 수 있다. 그래서 자기 이해 지능이 높은 아이들은 공감 능력도 높게 나타난다.

반대로 타인을 이해하는 과정을 통해 자신의 인식 능력도 확장된다고 할 수 있다. 그러니 자신을 부정하고 수용하지 못하는 환경에서 타인을 공감하는 문화를 기대하는 것은 어렵다. 공감 능력을 키우기 위해서는 자신의 감정과 기대, 동기, 행동을 이해하는 노력이 무엇보다 중요하다. 어른들은 이것이 스스로 가능하지만 아이들은 힘들 때가 많다. 그래서 아이들의 감정과 기대, 동기를 잘 수용해주고 표현하며 상호 작용하는 부모의 역할이 아이들의 공감 능력을 향상시킨다.


## 불필요한 내적 갈등을
## 없애는 기능

공감능력이 높은 사람은 자신에 대한 이해 능력이 높기 때문에 자기존중감이 높은 것이 특징이다. 이것은 공감이 자신이 받아본 배려나 존중감을 바탕으로 이루어지기 때문이다. 어린아이의 공감 능력은 부모로부터 인정받고 존중받는 경험을 통해 시작된다. 이런 경험을 통해 공감에 필요한 뇌가 활성화되고 발달하는 것이다.

아이들의 공감 능력은 자신과 다른 대립적인 상황을 해석하고 대응하는 데 활용된다. 타인과 상황을 해석하고 이해하는 능력이 생기기 때문에 불필요한 마음의 갈등을 없애고 타인이나 외부의 갈등과 대립을 보다 쉽게 극복할 수 있다. 그래서 세상을 보다 안정적이고 낙관적으로 바라볼 수 있는 힘을 길러준다.

공감 능력이 높은 사람은 자신의 생각, 감정, 입장을 객관적으로 이해하는 능력이 높고 이를 통해 타인을 이해하는 데 능숙하다. 공감은 타인을 위한 것 같지만 사실은 자신에게 혜택이 더 크다고 할 수 있다. 표현하지 못하는 마음의 갈등이 많고 작은 자극에도 민감하게 반응하는 아이들이 있다면 타인이나 상황을 공감능력을 키워주면 도움이 된다.

## 주의와 관점을 전환할 생각의 틈

공감 능력을 높이기 위해 가장 중요한 바탕은 '경청'이라고 할 수 있다. 부모가 아이들의 말을 경청할 때 아이들도 경청하는 습관이 든다고 했다. 경청의 습관은 타인에 대한 관심과 타인의 말을 들어보려는 의도가 있기 때문에 쉽게 공감 능력을 향상시킨다. 타인의 말을 경청한다는 것은 '생각의 틈'을 만드는 작업과 같다. 타인의 말에 즉각적으로 반응하지 않고 경청할 때 타인이 직면하고 있는 입장과 상황을 생각해볼 수 있는 틈이 생긴다.

경청을 통해 만들어진 '생각의 틈'은 아이들이 자신의 주의와 관점을 자유자재로 전환하고 상황과 맥락을 이해하는 능력을 키워준다. 부모의 경청은 아이들의 생각을 만들고 그 생각을 통합하고 조절하는 힘을 키워준다. 다양한 생각을 통합하고 조절할 수 있는 힘은 타인의 의도와 입장을 이해하는 공감 능력을 쉽게 발휘할 수 있도록 만들어준다. 부모의 경청이 아이들의 공감 능력을 향상시키고 부모의 입장과 의도를 더 잘 이해할 수 있도록 만든다. 아이들이 부모와의 소통에서 공감하지 못해서 받았던 스트레스에서 아이들은 편안해질 수 있다. 이것은 부모도 마찬가지다.

## 모방을 통해 관점 수용 능력이 향상된다

공감을 높이는 또 다른 기초는 관점 수용 능력이다. 필요할 때마다 자기중심의 관점을 자유자재로 타인의 관점으로 바꾸어 생각할 수 있는 능력이다. 그러기 위해서는 모방과 학습의 기초가 되는 거울뉴런을 활성화시켜야 한다. 거울뉴런은 상대의 행동을 보거나 상상하는 것만으로도 자신이 행동하는 것과 똑같은 영역이 활성화되도록 기능한다. 거울뉴런이 있기 때문에 모든 것을 직접 경험하지 않아도 책을 읽거나 다른 사람의 행동을 보면서 학습이 가능하다. 거울뉴런을 활성화하는 데는 모방이 최고의 명약이다. 타인의 표정과 행동, 말을 따라 하는 것이다. 의도적으로 누군가의 입장이 되어 설명하거나 전혀 다른 언어를 쓰고 있는 외국인들과 놀아보거나, 부모와 입장을 바꿔 역할극을 하는 것은 관점 수용 능력과 거울뉴런을 발달시켜 공감 능력을 향상시킨다.

### ● 부모 자신의 공감 능력이 중요한 변수다

아이들은 부모와 상호작용하면서 부모의 공감 능력을 닮아간다. 그래서 부모 자신이 스스로의 감정을 솔직하게 느끼고 조절하는 능력이 필요하다. 자신의 생각과 감정을 억압하지는 않는지, 감정에 휩쓸려 행동하거나 괴로워하지 않는지 스스로 이해하는 시간이 필요하다. 무엇보다 자신의 감정을 존중하며 느낄 수 있어야 아이들의 감정을 이해하며 상호작용할 수 있다.

### ● 잔소리는 귀를 닫게 한다

자신의 감정과 입장을 인정받지 못한 아이들은 공감 능력을 발휘하기가 힘들다. 잔소리는 아이들의 듣는 귀를 닫게 만들고 상황을 이해하고 타인의 입장을 생각할 기회를 빼앗아버린다. 부모의 잔소리가 반복되면 부모 앞에 있어도 아이들은 귀를 닫아버린다. 잘못된 일이 있어도 아이의 감정과 마음은 읽어주고 바람직한 행동이나 대안을 제시해줄 때 공감이 시작된다.

## ● 관찰과 따라 하기

아주 어린 아이들의 경우에는 모방 놀이를 많이 한다. 엄마의 얼굴 표정, 행동, 기분과 행동을 따라 하도록 하거나 엄마도 아이를 따라 하면서 놀면 공감에 필요한 거울뉴런이 발달한다. 자연스럽게 주의를 자신과 타인에게 집중하는 하는 힘과 조절하는 능력을 키우게 된다. 초등학교 아이들에게 기어 다니는 아기를 관찰하고 흉내내도록 하는 '공감 훈련'이 있다. 타인의 행동을 따라 하기 위해서는 세심한 관찰이 먼저 필요하다. 주의를 타인에게 돌리고 관찰하면서 상대의 입장에서 다양한 시뮬레이션을 경험하는 것이다. 이를 통해 뇌의 조절 능력과 공감 능력이 활용되고 활성화된다.

## ● 대화로 간접적인 공감 경험을 제공하자

아이들과의 대화에서 "너라면 어떤 기분이었을까?" "그 친구가 그렇게 행동한 이유는 뭘까?" "우리가 알지 못한 그 친구만의 상황이 있었을까?"라고 질문하면서 타인과 상황에 대해 느끼고 생각할 수 있는 기회를 자주 만들어주자. "엄마는 어떤 기분인데 너는 어때?"라고 말하면서 부모의 느낌과 생각을 말하고 아이들의 기분과 생각을 들어주며 대화할 때 아이들의 공감 영역은 확장된다. 옳고 그름의 판단보다 상황과 상대의 기분에 대해 이해할 수 있는 기회를 많이 제공하는 것이다. 우리는 원래 옳은 말을 하는 사람보다 자신을 이해해주는 사람을 더 좋아한다고 한다. 아이가 부모와 타인을 판단하기보다 이해하는 기쁨을 주자.

## ● 주의 깊게 듣고 공감하는 부모

자신의 일이라면 판단을 잘하고 말로 설명도 잘하는데 타인의 이야기는 경청하지 못하는 아이들이 있다. 이런 아이들은 타인과 상황을 이해하지 못하는 행동을 한다. 주의 깊게 들어야 알 수 있고 상황에 맞게 말을 할 수 있다. 맥락이나 상황에 맞지 않는 말과 행동을 하는 아이들이 많아진다는 것은 공감하는 능력이 부족한 것이다. 분명 경청하는 주의력이 떨어진 결과다.

부모가 판단과 결과만 강요하는 것이 아니라 아이의 말을 주의 깊게 듣고 상황에 맞게 반응해줄 때 아이들은 신뢰감을 느끼며 들으려 하고 생각하려고 한다. 주의 깊게 듣지 않고는 타인의 의도와 상황을 짐작할 수 없고 그럴 필요도 느끼지 못한다. 자연스럽게 공감은 힘든 상황이 된다. 경청하는 부모가 상황을 공감하며 생각하는 아이로 만든다.

# '나는 할 수 있다'고
# 믿는 아이

## "나는 엄마를
## 힘들게 하는 존재야"

아이들은 자신에게 형성된 '창문'을 통해 세상을 인식하고 행동한다. 그 창문은 바로 자신을 어떻게 느끼느냐에 대한 자기 평가다. 하지만 아이들은 객관적으로 자신을 평가하지 못한다. 주로 부모나 주변의 평가를 통해 자신을 평가한다. 아이들이 자신을 긍정적으로 또는 부정적으로 평가하는가는 부모의 말과 태도에 영향을 받는다. 긍정적으로 자신을 평가하는 아이들의 부모는 긍정적인 단어와 말을 많이 사용하고 아이들을 우선 인정하고 격려하려는 태도를 보인다. 아이들은 이런 부모의 말과 태도를 통해 자신은 가치 있고 사랑받는 존재로 인식한다.

반면에 자신을 부정적으로 평가하는 아이들의 부모는 주로 부정적인 말과 태도를 많이 보인다. 아이들의 상태를 인정하기보다는 부모의 기대에 맞춰서 비판적인 말을 많이 사용한다. "안 돼" "왜 말을 듣지 않니" "몇 번을 말해야 해" "왜 그렇게 밖에 못해" "왜 그렇게 소심해" 등이다. 소심한 아이가 되지 않기를 바라면서 "왜 그렇게 소심하니"라며 비판적이고 과하게 반응한다. 이때 아이는 "난 부족하고 가치 없는 존재구나" "엄마를 힘들게 하는 존재구나"라고 자신을 부정적으로 평가한다. 반복되는 부모의 말과 태도가 아이들의 자기평가에 그대로 반영된다.

부모의 지나친 기대와 엄격함은 아이들을 허용하고 인정하기보다는 비판적으로 대하기 쉽다. 안정되고 평안한 상태에서는 아이들을 긍정적으로 대하다가도 불편한 상황이나 아이들이 실수를 했을 때는 잘 되지 않는다. 어떤 경우든 부모가 기대하는 아이는 자신을 긍정적으로 생각하는 '자기평가라는 창'을 통해 만들어진다. 더욱이 아이들의 긍정적인 자기평가는 자신에 대한 믿음이 되고 높은 자기존중감을 만들기 때문에 부모의 역할이 중요하다.

## 반복된 성공 경험이
## 자신을 긍정적으로 평가하게 만든다

우리 뇌의 작동원리 중 하나는 믿는 대로 정보를 처리하는 것이다. 그리고 그 믿음이 긍정적일 때는 흥분성 신경전달물질계의 활성이 높아져 동기와 활력이 생긴다. 아이들이 뭔가에 도전하거나 그 일을 지속할 수 있는 힘, 주변의 방해에도 불구하고 끈기 있게 끌고 나갈 수 있는 힘은 자신에 대한 긍정적인 평가와 믿음이 있을 때 가능하다. 뇌가 자신을 믿고 있기 때문이다. 아이들이 자신을 어떻게 생각하는지에 대한 '믿음'의 정보에 따라 아이들의 뇌는 움직이고 감정과 행동을 조절해간다. 긍정적인 자기평가는 뇌의 신경회로를 열어 새로운 회로의 생성을 촉진하고 신경회로 사이의 신경 전달 물질을 원활하게 분비하여 뇌기능을 극대화시킨다. 우리의 뇌가 개방적 시스템일 때 자신의 기억이나 주변과 적극적으로 연결되면서 새로운 생각을 만들어낸다. 자신에 대한 긍정적인 평가는 자신감과 자기통제감을 높인다. 뭔가 스스로 조절 가능하다는 믿음은 상대적으로 우리 몸의 스트레스 호르몬을 감소시키고 안정과 만족을 높이는 호르몬을 증가시킨다.

자신에 대한 긍정적인 평가가 현실보다 더 중요해질 때가 많다. 좋은 학습을 통해 실력을 갖추고 있어도 자신을 긍정적으로 바라보는 자신감 없이는 그 실력을 발휘할 수 없기 때문이다. 자신에 대한 긍정적

평가와 자신감은 자신인식이 되어야 가능하다. 자기인식은 주로 앞쪽 뇌, 전두엽을 중심으로 균형적인 뇌를 활용한다. 즉 보다 성숙한 뇌의 활동이 필요하다는 의미다. 자신을 긍정적으로 평가하는 것은 즉흥적이고 반응적이지 않고 자신의 생각을 정리할 수 있을 때 가능하다. 즉흥적이고 반응적인 아이들은 불안정한 주변 환경에 지속적으로 대응해야 하기 때문에 자기인식이 어렵다. 그래서 부정성을 우세하게 인식하고 부정적 노출에 익숙해지기 쉽다.

부모와 주변의 긍정적인 평가는 자기인식을 높이고 자기성찰의 기회를 만들어낸다. '나는 이런 사람이구나' 하고 생각하게 만든다. 자신의 기준에서 성공한 모습을 자주 발견하고 이런 성공의 반복된 경험이 자신을 긍정적으로 평가하게 만든다. 자신을 성찰하게 만들고 자신의 가치를 인식하고 자신감이 쌓이게 만든다.

## 성공에 대한
## 기대감이 먼저

긍정적인 자기평가는 자기 가치와 자신감으로 형성된 자기존중감을 만든다. 자신은 가치 있는 존재이며 어떤 일을 성공적으로 이루어낼 수 있다고 믿는다. 자기 가치를 바탕으로 자신감이 있는 사람은 어면 실패나 역경을 잘 극복하고 실패에서 조차 자신의 가능성을 찾아낸다. 자신을 믿기 때문이다. 이렇게 아이들을 대하는 말과 태도가 역경에 대한 회복력과 성장잠재력을 보장한다는 것은 무서운 연결고리다.

자신감은 뇌에도 영향을 미쳐 학습 능력에 영향을 준다. 캐나다 맥길 대학의 소니아 루피엥Sonia Lupien 박사는 15년간 아흔두 명의 노인을 대상으로 뇌 영상 촬영과 테스트를 병행한 연구를 했다. 그 결과 자신감이 높은 사람은 그렇지 않은 사람들에 비해 기억력과 학습 능력에서 더 좋은 평가를 받았고 자신감이 떨어지는 사람은 지적 능력 외에도 뇌의 크기가 약 20퍼센트 작았다고 한다. 노인을 대상으로 한 연구지만 자신감과 성공의 경험은 뇌의 신경 기능을 활성화시키기 때문에 아이들에게 그대로 적용할 수 있다. 운동선수들이 성공한 경험을 상상하며 자신감을 가질 때 결과가 더 좋고 야단과 질책을 듣고 주눅이 들면 가지고 있던 실력도 발휘하기 힘든 것은 이것 때문이다.

자신감은 성공한 경험의 반복된 인식에서 비롯된다. 그래서 자기인식, 자기성찰의 과정이 중요하다. 자신을 성찰하고 자신감을 느끼는 것은 결국 동기를 느끼고 활용하는 것과 같다. 부모들이나 주변의 긍정적인 평가와 태도는 이런 자기인식과 성찰을 돕는다. 성찰과 자기인식을 통해 동기를 부여하는 방법에는 존 켈러John Keller의 동기유발전략을 참고하면 좋다. 자신의 성공에 대한 기대감을 갖는 것이 먼저다. 그리고 필요한 자신의 역량을 믿을 수 있어야 하고 자신의 성공이 자기 노력과 능력에 의한 것임을 알아야 한다. 이런 상태에서 뭔가에 호기심과 동기를 가지기 쉽다.

부모의 말과 태도는 아이들이 자신을 긍정적으로 평가하는 데 중요한 영향을 끼친다. 켈러의 동기유발 전략처럼 성공에 대한 기대감, 아이들의 역량에 대한 믿음, 성공을 위해 노력하고 있는 아이들에 대한 긍정적인 태도와 말을 쏘아주는 것이 부모의 역할이다.

## ● 강점 찾기와 강점 단어 늘리기

부모 자신에 대해서 해도 좋지만, 지금 아이들의 강점을 단어로 적어보자. 자신을 긍정적으로 평가하기 위해서는 강점에 대한 이해가 높아야 한다. 아이들에게 "네가 가진 좋은 점, 장점, 강점은 뭐야?"라고 물어보자. 강점 단어를 찾는 동안 자신을 긍정적으로 탐색하고 인식하는 길이 생긴다. 그래서 자신을 인식할 때 긍정적인 측면을 우세하게 인식하고 수용하게 된다. 부모나 아이 자신이 가지고 있는 강점 단어가 아이들이 자신을 긍정적으로 평가하는 재산이다.

## ● 자기 가치와 자신감

아이들의 긍정적인 자기평가는 자기존중감으로 나타난다. 자기존중감은 자신에 대한 가치와 자신감으로 만들어진다. 자기가치는 주변 사람들과의 신뢰와 관계로 만들어진다. 언제나 긍정적으로 지지해주는 관계의 확신이 자기가치의 안전망을 이룬다. 도전하고 노력할 때는 칭찬과 실패할 때는 격려를 아끼지 않는 부모, 강요하지 않고 지켜봐 주고 기다려주는 부모를 느낄 때 아이들은 자신의 존재감과 존중감을 쌓아간다. 그리고 자신감은 조금씩 나아지고 있다는 확인과 성공의 경험으로 만들어진다. 누군가와 비교해서 나아지고 성공한 것이 아니라 아이 자신과 비교해서 어제보다 오늘, 시작할 때보다 나아지고 수월해지고 있다는 것을 확인할 수 있을 때 자신감이 생긴다.

## ● 스스로 만들어낸 성공의 경험

자신에 대한 긍정적인 이미지는 역시 성공의 경험에서 비롯된다. 이 성공의 경험은 다른 아이들과 비교되는 것이 아니라 스스로 주도하여 만든 도전의 결과물이어야 한다. 그래서 아이들이 하고 싶은 것은 아이들 자신이 결정한 수준에서 마음껏 하도록 해줘야 한다. 조금 부족하고 틀린 것이라도 스스로 할 수 있도록 내버려 두고 스스로 그 결과를 평가할 수 있도록 보장해줘야 한다. 하고 싶고 도전하고자 할 때 새롭게 배울 수 있는 기회를 제공해줘야 한다.

## ● 실수와 실패에 대한 태도의 영향

성공한 경험만큼이나 실수나 실패에 대한 반응과 태도는 아이들의 자기평가에 큰 영향을 미친다. 아이들에게 실수나 실패는 인식하는 것이 먼저다. 책임지는 것은 그 다음의 문제다. 실수나 실패를 너무 심각하게 반응하고 받아들이는 부모는 아이들이 자신을 긍정적으로 인식하는 것을 강하게 방해한다.

실수나 실패는 그 자체로 부정적 감정과 기억을 강화하기 때문에 영향력이 생각보다 크다. 실패를 너무 심각하게 받아들이면 부정적 자기인식을 피하기 위해서 실패를 인정하지 않거나 우기도록 강요하는 것과 같다. 실패를 성공하기 위한 정보와 재료로 판단할 수 있도록 이성의 뇌를 열어 주어야 한다. 아이들이 실패의 부정적 감정 위에 설 수 있도록 뇌를 활성화시켜줄 수 있어야 한다.


## ● 부모의 과도한 기대감은 위험하다

부모의 과도한 기대는 완벽주의, 비난, 비판, 설득으로 확인된다. 과도한 부모의 기대는 순수하게 아이들의 수준에서 시작되기보다는 어른의 입장이나 주변과 비교된 수준에서 만들어진다. 아이들이 자신에 대한 긍정적인 인식은 자신의 수준에서 조금 높은 곳에 도전하거나 성공하면서 쌓여간다. 과도한 부모의 기대는 아이들이 자신을 인식하고 성찰하는 뇌의 활성을 가로막고 부정적으로 우세한 감정의 뇌를 활성화시키기 쉽다. 부모의 기대는 아이들의 수준에서 시작하고 아이들이 조절할 수 있도록 물어봐야 한다. 아이들을 잘 공감해주는 부모가 자신을 긍정적으로 인식하는 아이로 키운다.

## ● 근거 없는 자신감을 부르지 않도록

자신에 대한 긍정적인 평가와 인식은 무조건 반복된 칭찬이 만들어주는 것이 아니다. 아이들의 자기인식과 성찰적 지능을 담당하는 뇌는 고차원적인 이성적 뇌가 담당한다. 정서적으로 칭찬은 좋은 방법이지만 아이들이 칭찬의 이유와 의미를 느낄 수 있을 때 자기인식에 효과를 발휘한다. 근거 없는 과도한 칭찬은 근거 없는 자신감을 부르고, 동시에 쉽게 사라지는 감정의 활성화만 부추긴다. 근거 없는 자신감에 과도한 칭찬은 근거가 확실한 실패에 쉽게 무너지고 실패에 대한 변명만 유창하게 만들기 쉽다. 하지만 근거 없는 자신감이라고 하더라도 도전하도록 하고 그 결과를 확인하며 성

찰할 수 있는 기회를 주고 칭찬은 잘했을 때 구체적으로 해주면 된
다. 만약 실망을 했다면 이때는 격려해주도록 하자.

# 의식을 뛰어넘는
# 무의식의 영향력

| 모든 위대한 자의 하인이자
| 모든 실패한 자의 주인

"나는 모든 위대한 자의 하인이며, 모든 실패한 자의 주인이다."

여기서 '나'는 누구일까? 위대한 자 아래서는 그 명을 충실히 따르지만 실패한 자를 짓누르고 발목을 붙잡는 것. 그것은 바로 습관이다. 아이들의 좋은 모습이나 나쁜 모습은 습관일 때가 많다.

눈이 나쁘거나 치아가 튼튼하지 못한 것처럼 건강 문제는 생활 습관이나 습식 습관과 맞물려 있다. 대화에 집중하지 못하고 엉뚱한 말과 대답을 잘하고 자신의 말만 던지고 듣지 않으려는 아이의 행동에는 반복적으로 길들여진 대화 습관이 자리하고 있는 것과 같다. 부모가 아이의 말을 귀담아 듣지 않고 아이가 충분히 말할 때까지 기다려주지 않거나 부모가 하고 싶은 말만 일방적으로 했던 아이들에게 발생하기 쉽다.

수준급의 그림을 그리는 어느 아이는 심심하면 그림을 그린다. 그래서 특별히 게임이나 TV 같은 것에 빠지지 않는다. 특별히 배운 적도 없지만 매일 틈만 나면 그림을 그리게 되니 잘 그리게 되었을 뿐만 아니라 주제도 다채롭다.

## 습관은 의식의 영역을 초월해서 우리 삶에 영향을 준다

습관의 중요성을 모르는 부모는 없다. 하지만 부모도 모르는 사이에 습관을 만들어주고 있다는 사실은 모른다. 또 습관이라는 방법을 활용하면 목표를 달성하고 성취가 효과적이라는 사실을 실천하는 부모도 많지 않다. 습관을 인식하고 관리하는 그 습관도 쉽지 않은 일이기 때문이다. 습관을 습관적으로 관리해야 한다.

습관이 중요하다고 싫은 일을 강제로 꾸준히 반복하라는 의미는 아니다. 습관은 부담 없어야 한다. 즐거워야 뇌를 속일 수 있다. 뇌는 반복을 중요한 것으로 인식하고 그 반복을 중심으로 움직이기 때문이다. 그래서 아이들이 반복하려면 쉽고 부담이 없어야 한다.

다시 강조하자면 아이들에게 물려줄 가장 값진 것이 있다면 그것은 습관일 것이다. 습관은 의식을 초월해서 무의식적으로 인간의 삶에 영향을 주고 있다. 좋은 습관은 아주 어려운 일도 가볍게 해결하도록 만들지만 나쁜 습관은 자신의 간절한 열망에도 불구하고 발목을 붙잡는 족쇄가 된다. 무엇보다 스스로 관리하지 못하는 시기에 길들여진 아이들의 습관은 향후 성장해서도 고치지 못하고 아이들에게 부정적인 영향과 무게로 삶을 지배할 수 있다. 물론 좋은 습관은 아이들이 쉽게 유능한 삶을 살아가도록 한다.


## 뇌를 바꾸는 가장 효과적인 방법은 반복하기

우리의 뇌는 반복되는 행동과 상황을 중요한 행동과 상황이라고 인식한다. 그런 탓에 반복이 뇌의 변화에 미치는 영향은 매우 크다. 일정하게 반복된 것은 장기기억으로 넘어가면서 기존의 많은 자극들과 긴밀하게 연결, 연합되어 행동을 지배하는 중심 연결망이 만들어진다. 이때부터는 우리의 행동이 습관 네트워크의 통제를 따르게 된다.

익숙하고 습관적인 행동을 할 때 우리의 뇌는 그렇지 않은 행동을 할 때보다 훨씬 더 적게 움직인다. 세수, 운전, 반복된 기계조작, 자전거 타기 등 습관이 된 일들은 의식하지 못하고 자동적으로 움직이며 뇌를 많이 사용하지 않는다. 그리고 새롭고 중요한 다른 일에 주의와 에너지를 보태어 활용한다. 일종의 효율적인 자동항법 장치인 셈이다.

이러한 우리 뇌의 작동 원리 때문에 습관은 고치기 힘들지만 꼭 필요하고 중요한 것이 습관으로 자리 잡으면 뇌를 보다 효율적으로 활용하게 된다. 뇌의 에너지를 덜 사용하고 더 효과적으로 더 많은 일을 하는 방법이 바로 습관을 들이는 일이다. 어른도 마찬가지지만 아이들에게 가장 좋은 선물은 좋은 습관, 꼭 원하는 것을 습관을 통해 아주 자연스럽게 성취하는 방법을 가르쳐주는 것이다.

반복과 습관에 의해 움직이는 뇌의 작동원리를 활용한다면 아이들에게 원하는 것을 손쉽게 달성하는 방법을 알려줄 수 있다. 습관이 힘든 것은 반복하는 것이 힘들기 때문이다. 스스로 목표를 세우고 매일 주의를 집중하여 반복하는 것이 힘든 만큼 달성하고 나면 보상회로로 작동하여 쉽게 반복하게 된다. 습관을 통해 뭔가가 수월하게 달성되면 우리에게 쾌감을 느끼게 만드는 보상회로가 작동되기 때문에 자존감이 올라가고 즐거운 일이 될 가능성이 높다.

5천 미터의 높은 산을 단숨에 오를 수는 없다. 목표를 잘게 나눠서 구간을 관리하며 반복적으로 오를 때 보다 쉽게 오를 수 있다. 아이들이 자신의 뇌에 길을 만들고 단단한 네트워크 연결고리를 만들 수 있도록 초기의 반복은 부모가 함께해줘야 한다. 우리의 뇌가 습관을 활용하고 우리가 그 습관을 활용하는 방법을 알려줘야 한다.

## ● 습관은 고치기보다 새롭게 만들어라

반복을 통해 습관화된 행동은 뇌의 복잡한 신경망으로 얽혀서 견고하게 구축되어 있다. 그래서 이를 변화시키는 복잡하고 힘들다. 이를 변화시키는 것은 위협으로 느끼고 방어하기까지 한다. 익숙한 행동을 반대로 하려고 하면 짜증도 나고 신경이 곤두서고 신경교란이 일어나 당장 피하거나 집어던지고 싶어진다. 그래서 습관을 고치기 위해서는 형성되어 있는 반대로 고치려고 할 것이 아니라 원하는 것을 중심으로 처음부터 다시 만드는 것이 편리하다. 습관을 바꾸는 것보다는 원하는 다른 습관으로 대체하는 것이 편리하고 훨씬 쉽다. 우리의 뇌는 새로운 것에 집중하고 쉽게 흥미를 가지기 때문이다.

## ● 새로운 습관은 한 번에 하나씩

좋은 습관을 들일 때는 한 번에 하나씩 습관을 만드는 것이 중요하다. 좋은 습관을 들인다고 하루에, 한 달에 여러 가지 반복된 습관을 들이면 주의가 분산되고 반복이 불가능해진다. 습관이 힘든 것은 새로운 것과 뚜렷한 목표를 좋아하는 뇌가 반복에는 흥미를 가지지 못하고 지루해한다는 것이다. 그래서 반복된 횟수나 결과를 기록하면 흥미가 높아지고 새로워져 습관을 들이기 좋다.

## ● 반복되는 시점, 장소, 행동과 연결하자

좋은 습관을 반복하기 위해서는 아이들의 주의와 주변 환경을 연결시키는 것이 편리하다. 자기 전이라는 시점, 엘리베이터라는 장소처럼 일정한 '신호'에 맞춰 반복된 행동을 연결시키는 것이다. 가장 흔하게 습관화된 좋은 예시가 자기 전에 책을 읽어주는 것이다. 아이들이 의도적으로 반복을 한다는 것은 어른보다 쉽지 않다. 그래서 부모들이 함께 해주는 것이 가장 좋은 방법이다. 부모가 같은 습관을 들이는 것도 좋다.

## ● 목표와 연결하여 도전적이고 즐거운 습관 만들기

어떤 목표횟수, 시간, 완성 정도 등는 좋은 습관을 반복할 수 있는 끈기를 돕는다. 목표는 의미를 부여하는 과정이다. 즐거운 것은 쉽게 습관화되지만 끈기가 필요한 경우에는 목표와 의미부여를 활용하는 것이 편리하다. 아이들도 자신이 주인공이 되어 어떤 목표를 달성한다고 느낄 때 동기부여 된다. 우리의 뇌는 목표가 뚜렷하고 자신이 믿는 것을 실현하는 쪽으로 반응한다. 의미 부여되어 정답이라고 믿는 것에 주의를 집중하고 지속하기가 용이해진다. 목표를 가지고 목표가 실현되는 것을 상상하며 기록하는 습관의 힘을 길러주는 것은 어른이 되었을 때 가지기 힘든 자산을 물려주는 셈이다.

## ● 수준에 맞는 습관과 유능함을 상상하며 느끼도록

끈기가 필요하거나 쉽게 잘되지 않는 것은 당연히 쉬우면서도 약간 도전적으로 시작해야 한다. 그래도 아이들은 쉽게 지루함을 느껴버린다. 아이들과 그 습관이 완성되었을 때를 상상하도록 도와주자. 어린아이들의 경우 글자를 읽고 싶은데 드문드문 잘 읽지 못하고 갑갑해하면서도 끈기 있게 글자 배우기를 힘들어한다. 이때 조금씩 나눠서 단어, 짧은 문장을 일정한 시기나 장소에서 반복하면서 책 한 권을 다른 친구들에게 읽어주는 멋진 모습을 상상하도록 한다. 긍정적인 모습에 초점을 두고 구체적으로 상상을 하면 우리의 뇌는 상상과 현실을 구분하지 못한다. 아이들이 스스로 동기를 부여하며 끈기 있게 변해가는 방법이 된다.

## ● 좋은 습관을 만들며 조절하고 통합하는 뇌 만들기

자연스럽게 습관을 길들여가는 시간은 아이들이 스스로 동기를 느끼고 조절하는 시간을 통해 자신을 인식하게 된다. 습관을 길들이는 통합과 조절의 시간은 자기를 인식하고 전체를 보고 통합하는 고차원적 뇌를 활성화시키는 일이기도 하다. 습관의 위대함과 편리함을 아는 것은 자신의 뇌를 아는 것과 같다. 좋은 습관이 잘된다면 가장 쉽게 위대해지는 뇌를 가진 아이가 되는 것이다.

# 엄마가 스스로의 마음을 돌봐야 아이도 행복해진다

| 부모 경험을 충분히 쌓고 나서
| 부모가 된 사람은 없다

　부모의 자리는 진퇴양난, 나아갈 수도 없고 물러설 수도 없는 애처로운 상황일 때가 많다. 매일 마음을 닦고 또 닦아야 하는 운명처럼 느껴질 때가 많다. 스물네 시간 어린 아이들에 매달려 자신의 삶은 모두 포기해도 버거운 일상 속에서 자신의 존재에 대한 무기력함에 시달리기도 한다. 부모의 뜻과는 정반대로 행동하며 통제되지 않는 아이들의 모습에서 짜증과 화를 내고는 부족한 자신을 탓하기도 한다. 더 잘해주지 못하는 부족한 부모를 만난 듯 죄책감과 싸우기도 한다.

아이들을 키우는 과정은 그 어떤 것보다 부모를 성숙하도록 요구한다. 부모에게도 최고의 조절력을 발휘해야 하는 시기가 아이들을 키우는 동안이다. 어린 아이를 보살피며 육아에 완전히 녹초가 된 엄마들에게 아이들과 잠시 분리시키는 여유 시간이 필요하다. 가족이나 도움을 주는 주변 사람들이 아이를 잠시 맡아 주면 긴장된 신경을 풀고 좀 은 여유로운 마음으로 아이들을 더 의미 있고 즐겁게 대할 수 있다.

아이들을 잘 키우기 위해서 부모에게 필요한 것은 무엇일까. 자녀교육을 위한 지식도 중요하지만 그보다 중요한 것은 부모 스스로의 마음 챙김이다. 힘든 상황에서 잠시라도 자신만을 위한 틈이나 여유를 만들어 자신의 감각과 감정을 읽고 인정해주며 마음을 들여다볼 시간이 필요하다. 부모의 마음 챙김은 있는 그대로 보고 인정하는 힘이다. 아이들을 키우면서 "내가 이렇게 느끼고 있구나" "내가 이렇게 힘들어 하고 있구나" 하고 있는 그대로 관찰하며 스스로 인정하고 위로하는 자기 연민의 시간을 키우는 것이다. 완전하지 않은 자신을 있는 그대로 인정하고 받아들이고 위로해주는 시간이 우리 부모들에게는 필요하다.

흙탕물에서는 아무것도 보이지 않는다. 잠시 거리를 두고 꼬이고 흩어진 상황과 자신의 마음을 보면 아이를 행복하고 잘 키우고자 하는 부모의 선한 의도와 순수한 마음을 볼 수 있다. 누구도 부모라는 교육과 경험을 충분히 쌓고 부모가 된 사람은 없다. 아이와 마찬가지로 부모도 아이와 함께하면서 좋은 부모가 된다. 아이들은 어쩔 수 없이 부모를 닮는다. 힘겹고 괴로운 부모보다는 스스로 위로하고 자신의 순수함을 믿고 여유를 가진 부모를 닮는다.

## 끊임없는 비교와 경쟁으로 가득 찬 세상에서 부모가 중심을 잡으려면

좋은 자녀교육을 위해서 부모의 마음 챙김이 중요한 이유는 행복한 부모에게 행복한 아이가 자라기 때문이다. 하지만 경쟁 사회는 부모들에게 보다 완벽하기를 원하고 부모도 아이들에게 완벽한 것을 만들어주려고 한다. 행복한 아이를 키우기를 원하지만 아이들이 행복하기보다는 경쟁에 뒤처지지 않도록 정답을 가지고 강요하면서 갈등이 심해진다.

어느 실험에서 한국의 어머니들은 상대적 이익에 만족을 느끼고 미국의 어머니는 절대적 이익에 만족을 느끼는 것으로 나타났다. 한국의 어머니는 자녀가 90점을 맞았을 때보다는 1등을 했을 때, 자녀보다 더 잘하는 아이가 없을 때 측핵이 활성화된다고 한다. 측핵은 만족과 쾌감을 느끼는 뇌 영역이다. 반면 미국의 어머니들은 자녀가 상대적으로 잘했을 때보다는 절대적으로 잘했다고 판단할 때 측핵이 활성화되었다.

　사람들이 자꾸만 무엇을 비교하는 이유는 비교에 의한 차이가 쉽게 인식되기 때문이다. 또한 비교할 때 측핵의 보상회로가 즉각적으로 자극되어 만족을 느낀다. 주변과 경쟁하며 살아가는 사회가 부모의 뇌 활성 패턴을 변화시켰다고 볼 수 있다.

　행복한 사람은 남들과 비교함으로써 나타나는 부정적 피드백에 영향을 받지 않지만 행복하지 않은 사람은 남들과의 비교에 크게 영향을 받는다는 실험 결과가 있다. 아이들을 주변과 비교하면서 더 잘되기를 바라면 아이들을 있는 그대로 보기 힘들다. 내 아이를 있는 그대로 읽고 상호작용하기 힘들다.

　정확한 정보 없이 경마장을 찾은 사람이 있다고 가정해보자. 이 사람이 특정한 말에 돈을 걸도록 할 수 있을까? 그 방법은 의외로 쉽다. 그 사람이 경마장으로 오는 길에 '2번'을 암시하는 패턴을 두 번 이상 반복해서 보여주면 그 사람은 반드시 2번 말에 배팅한다고 한다. 물론 당사자는 이런 내막을 전혀 모르겠지만.

　아이들을 교육할 때도 아이를 관찰하고 내 아이에게 맞는 것을 지원하기보다는 주변에서 좋다는 것을 다해주고 싶어진다. 때로는 뒤처지지 않기 위해서 아이에게 맞지 않고 원하지 않는 것을 강요하기도 한다. 부모의 마음 챙김은 주변에서 무의식적으로 비교하고 강요되는 것을 알아차리고 내 아이를 있는 그대로 관찰하는 힘을 길러준다. 내 아이의 수준과 수용력을 생각하면서 아이를 대할 수 있도록 해준다. 그래서 아이를 행복하게 키우는 방법은 아이들의 행복한 모습에서 부모가 찾아낼 수 있도록 해준다.

## 있는 그대로 보고 있는 그대로 인정하는 것

부모의 마음 챙김은 크게 두 가지 측면에서 필요하다. 첫째는 자녀 양육과 교육에서 힘든 부모 자신의 마음을 챙기는 것이다. 둘째는 아이들을 있는 그대로 관찰하고 수용하도록 하는 것으로 아이들을 바라보는 마음을 챙기는 것이다. 부모라고 모든 일을 완벽하게 지원해줄 수 없다. 부모가 완벽한 성인군자가 될 수도 없다. 다만 부모로서 자식을 향한 순수한 마음을 읽고 완벽하지도 못한 자신을 있는 그대로 받아들여 수용하며 위로하는 것이다. 이때 아이를 향한 부모의 순수한 마음이 부정적 감정에 훼손되는 것을 막고 아이를 보다 행복하게 대해줄 자신감을 얻게 된다.

아이들은 더 많은 지원보다는 여유 있고 평안한 부모의 품을 더 원한다. 아이를 바라보는 마음 챙김은 아이가 진정으로 원하는 것을 알게 해준다. 자녀를 키우고 교육하는 것이 힘들어지는 이유는 아이들이 원하는 것을 잘 모르기 때문이다. 부모가 원하고 중요하다고 생각하는 것을 아이들에게 투영시키다 보니 아이들이 원하는 것이 잘 보이지 않는다.

부모의 마음 챙김은 부모가 원하고 바람직하다고 생각하는 것과 아이들이 원하는 것을 분리해서 알아차리도록 해준다. 성격만큼이나 아이들의 뇌도 다르다. 지적 능력에서 주의 조절력, 공감 능력 등 모든 것이 뇌가 발달하고 활성화되어야 가능한 것이 대부분이다. 손가락 힘이 자라지 않은 상태에서 젓가락질을 잘할 수는 없다.

아이들을 있는 그대로 보고 인정하는 마음 챙김은 내 아이에게 가장 적절한 대응과 상호작용을 지원할 부모의 능력을 키워준다. 아이의 행동에 집중하는 것이 아니라 행동을 만들어내는 아이의 숨은 욕구에 집중함으로써 필요할 때 적절한 자양분을 제공해줄 수 있는 부모가 된다.

아이들을 키우면서 때로는 지쳐가는 자신을 있는 그대로 인정하고 받아들이지 못하면 지친 자신의 감각 및 감정과 싸우게 된다. 그러면 아직은 미숙한 뇌를 가진 아이들을 이해하고 도와줄 수 있는 '품'을 잃어버리게 된다. 부모 자신을 위로할 여유와 틈을 잃어버리게 된다.

또한 부모의 마음 챙김은 사회에서 정답이라고 강요하는 것들에 압도되지 않고 내 아이를 있는 그대로 보고 인정하는 것이다. 내 아이를 있는 그대로 보지 못하면 주변에서 강요하는 정답과 비교 정보에 압도되어 내 아이를 끼워 맞추게 된다. 아이가 진정으로 원하는 것을 알아주고 충족시켜주면 아이는 부모가 원하는 것을 쉽게 수용할 의지를 가진다.

주변의 정답에 초점을 맞추면 당연히 맞지 않고 부족한 아이의 모습이 더 잘 보인다. 밝은 아이의 미래보다는 불안과 걱정에 압도되기 쉽다. 내 아이를 위한 몰입은 부모의 마음 챙김에서 시작된다. 판단하기 전에 "그렇구나" "그럴 수 있구나"라고 바라보는 마음 챙김에서 부모와 아이의 행복을 동시에 찾을 수 있다. 사실 부모의 마음 챙김은 자녀교육을 위한 부모의 조절력이자 자녀교육의 자존감이라고 볼 수 있다.

## ● 부모의 마음과 감정 살피기

　무조건 참고, 참고, 또 참으면 마음과 감정은 쌓여서 긴장되고 좁아진다. 마음과 감정은 억제하려고 할 때 더 강해진다. 또한 부정하려고 할 때 더 강해진다. 이때 부모는 스스로의 마음과 감정을 살펴주는 것이 필요하다.

　쉴 틈도 없이 육아에 지친 모습과 뜻대로 되지 않는 상황에서 그저 "힘들어하고 있구나. 당연해"라고 인정해주고 위로해줘야 한다. 그렇게 야단을 치고 올바른 행동을 다독였는데도 아이가 말을 듣지 않아서 죄책감이나 수치심을 느꼈다면 "내가 그런 감정을 느끼는구나. 그럴 수 있어"라고 일단 살펴줘야 한다. 누구나 그럴 수 있고 자신도 그럴 수 있다고 보편적으로 바라보며 자신에게 더욱 친절하게 대해줘야 한다. 부모 자신의 생각과 마음, 감정을 일단 살피는 것만으로도 아이를 위해 더 나은 행동을 만들 수 있는 의지와 힘이 생긴다.

## 생각은 생각일 뿐이다

우리는 가만히 있어도 생각이 피어나게 되어 있다. 아이들의 행동을 대할 때도 생각이 피어난다. 주변에서 중요하다고 강조하는 정보를 듣고 아이를 생각할 때도 생각은 꼬리에 꼬리를 물고 일어난다.

우리의 생각은 감각 및 감정과 연결되어 있어 생각이 곧 현실처럼 느껴지기 쉽다. 하지만 생각은 생각일 뿐이다. 아이의 행동을 보고 어떤 걱정이 떠오르면 "어떻게 하지"라며 섣불리 판단하고 대책을 세우려 하기 전에 생각은 생각일 뿐이라는 사실을 되새겨야 한다. 우리는 깊이 사고한다고 느낄지 모르지만, 사실은 주변 정보에 휩쓸린 반응일 때가 많다.

"내 아이가 주의력 결핍은 아닌가?"

"내 아이가 영어공부를 할 적기를 놓치지는 않았을까?"

이런 생각이 드는 것은 당연하지만, 그저 이런 고민을 떠올리기도 했다는 점을 인식하고 아이들을 더 자세히 관찰해서 생각을 정리할 필요가 있다. '생각은 생각일 뿐이다'라는 말은 부모의 생각과 판단의 유연성과 지혜를 높여준다.

## ● 분별의 지혜

　욕심은 현재 어쩔 수 없는 일을 무시하지 못하고 얽매이게 만든다. 우리는 현재의 한계를 인정하지 않고 싸우고 있는 자신을 의미 있게 느낄 때가 많다. 집중은 반드시 잡음을 제거하는 능력과 함께 발휘된다. 집중하려는 대상에 집중하고 집중을 방해하는 잡음을 무시할 수 있는 능력이 집중력이다. 어쩔 수 없는 것을 분별하여 무시하고 할 수 있는 것에 집중하는 것이 지혜다. 아이들을 키우면서 마음 챙김이 힘든 것은 이런 분별이 쉽지 않기 때문이다. 주변을 따라가다 보면 분별은 더 어려워진다. 아이를 어떻게 키우겠다는 기준을 부모가 명확하게 세우지 않으면 주변에 이끌리기 쉽다.

# 빅브레인

초판 1쇄 발행 · 2018년 6월 10일
초판 2쇄 발행 · 2018년 6월 15일

지은이 · 김권수
펴낸이 · 김동하
책임편집 · 양현경

펴낸곳 · 책들의정원
출판신고 · 2015년 1월 14일 제2015-000001호
주소 · (03955) 서울시 마포구 방울내로9안길 32, 2층(망원동)
문의 · (070) 7853-8600
팩스 · (02) 6020-8601
이메일 · books-garden1@naver.com
블로그 · books-garden1.blog.me

ISBN 979-11-87604-60-0 (03400)

· 이 도서의 국립중앙도서관 출판예정도서목록(CIP)은 서지정보유통지원시스템 홈페이지
  (http://seoji.nl.go.kr)와 국가자료공동목록시스템(http://www.nl.go.kr/kolisnet)에서 이용하
  실 수 있습니다. (CIP제어번호 : CIP2018015373)